기술주의 너머의
스마트 도시

이 저서는 2017년 대한민국 교육부와 한국연구재단의 지원을 받아 수행된 연구임
(NRF-2017S1A3A2066514)

기술주의 너머의
스마트 도시

Smart City Beyond Technocracy

서울대학교 아시아도시사회센터 기획 | 심한별 엮음

임서환 · 박준 · 유승호 · 허정화 · 홍성호 · 이정민 · 김묵한 · 박철현 · 박배균 · 심한별 지음

한울
아카데미

차례

편집의 글

심 한 별 (서울대학교 아시아연구소)

이 책은 2017년 서울대학교 아시아도시사회센터가 저자들을 초청하여 진행했던 네 차례의 스마트 도시 세미나의 후속 결과물이다. 각 글의 저자는 스마트 도시에 대한 논문을 발표했던 연구자이거나 관련 정책 및 스마트 도시 사업 현장의 전문가들이다. 스마트 도시는 세계의 여러 도시에서 다양한 모습으로 진행되면서 스마트 도시에 대한 성찰적이고 비판적 담론들도 풍부하게 등장하고 있다. 반면, 국내에서는 해외 사례보다 먼저 진행된 송도부터 국가시범도시와 지방정부의 스마트 도시계획에 이르기까지, 진행되는 사례들은 양적으로 급속히 성장했던 반면, 스마트 도시가 우리 사회에 어떤 의미를 가지며, 그 영향은 무엇일지, 혹은 어떤 가치를 기대해야 하는지 등의 성찰적 논의와 담론은 부족했다. 저자들은 스마트 도시를 기술적 진보주의를 넘어 인문·사회적 관점에서 성찰하는 시도와 담론의 필요성에 공감했으며, 그것이 저자들의 문제의식을 담은 글을 모아 이 책을 출간하는 계기가 되었다.

저자들이 주목한 지점들은 다양하다. 스마트 도시를 어떻게 이해할 것인가의 기본 질문부터 한국의 스마트 도시 사업의 현장과 정책들에 대한 진단, 기술주의 통치성 사례와 디지털 기술 시대의 시민성에 대한 철학적 사유, 스마트 도시 개념의 해방적 전유론까지, 저자들이 다루는 영역은 스마트 도시의 역사, 현상, 담론, 비판, 활용, 대항 등을 포괄한다. 그렇지만 시간이 갈수록 세계 곳곳의 스마트 도시 현장은 더욱 다양해질 것이며, 하나하나 열거하기 어려울 만큼 서로 다른 비전과 열망, 계획과 실천, 목표와 과정, 수정과 활용, 성과와 비판, 지속과 전환의 교차 지점에 있을 것이다. 이 책에 담긴 관점과 주장이 그런 다양한 스마트 도시들이 가진 근원적이고 공통적인 문제의식을 풀어내는 실마리가 될 수 있기를 기대한다.

이 책은 총 여덟 편의 글을 각 글이 가진 주제의 호응 관계에 따라 세 개의 주제로 나누어 엮었다. 첫 번째 주제는 '스마트 도시가 무엇인가?'라는 질문에 답하는 두 개의 글이다. 임서환은 강력한 기술중심주의가 이끌었던 스마트 도시의 초기 개념부터 이론가들의 비판적 지적까지를 구체적으로 정리하여 소개한다. 특히 기술과 데이터에 과도하게 의존하는 것이 초래할 정치적 효과와 시민들에 미칠 영향 등을 비판하고 기술주의의 맹목적 추종을 경계하여 도시의 관점에서 기술을 조율할 것을 제언한다. 박준과 유승호는 스마트 도시 개념의 확장을 다룬다. 세계적으로 다수의 스마트 도시 사업이 진행되면서 각국의 상황에 따라 도시문제의 해결 수단, 시민 참여 및 거버넌스 확대의 수단, 환경적·사회적 지속가능성을 위한 수단, 저개발 국가의 도시개발 수단 등으로서 등장하는 스마트 도시의 의미를 검토하면서, 스마트 도시 사업에서 경제적·사회적 차원의 내실을 고려해야 함을 지적한다.

두 번째 묶음은 한국의 스마트 도시 사업 현장을 다루는 네 편의 글들이다. 첫 번째, 허정화의 글은 송도 개발 과정을 통해 스마트 도시 개발의 주체로서 민간기업과 정부의 역할과 그들 사이의 거버넌스에 주목한다. 스마트 도시 사업에서 민간기업의 참여는 부동산개발, 건설, 금융 및 투자 등 도시

개발의 전통적 영역을 넘어, 정보통신, 자동차, 에너지, 데이터와 인공지능 등 다양한 산업 부문으로 확장되며, 계획 과정에서 그들 사이의 역할 분담과 이해 조정은 물론 지방정부 및 중앙정부가 개입하는 복합 거버넌스 체계가 필요했음을 상술했다. 이어 홍성호와 이정민의 글은 지방정부 입장에서 우리나라의 스마트 도시 사업의 역사와 추진 체계를 소개하고 계획 수립을 비롯한 현장의 난점을 설명한다. 스마트 도시계획 수립의 경험을 가진 저자는 스마트 도시라는 다의적 가치를 실현해야 하는 과정에서 행정 주체가 겪는 혼란을 설명하면서, 지역에 적합한 스마트 도시계획 수립을 위해서 기존 도시계획 수립 체계의 목표지향성을 과정지향적인 관점으로 전환해야 한다는 점을 강조한다. 이어진 김묵한의 글은 우리나라 스마트 도시와 그 사업에 기술 솔루션을 제공하는 스마트 산업 생태계와의 관련성을 검토했다. 저자는 지방정부가 진정 스마트 도시 건설을 지역 발전의 수단으로 활용하려면, 수도권에 편중된 기술 기업에 의존할 수밖에 없는 현재 상황의 한계를 인지하고 장기적 관점에서 스마트 도시 건설 이후 운영과 발전에 필요한 스마트 산업생태계를 지역에서도 육성해야 한다고 진단한다.

박철현의 글은 스마트 기술을 통치성의 수단으로 활용하는 중국의 현장을 다루었다. 그는 신도시로 개발된 상하이 푸동지구의 스마트정부 사례를 통해 전환기 중국의 사회관리를 위한 테크놀로지로서 스마트 도시를 분석한다. 그의 사례에서 스마트 도시 체계는 인민에 대한 정치적 조직화와 동원을 유지하면서 개혁·개방 이후 유동하는 인구와 그로 인해 지역사회의 급증하는 다양성 및 복합성을 정밀하게 관리하여 정치적 안정을 유지하는 데에 사용된다. 그의 분석에서 중국의 스마트 도시 기술은 정부 조직 간 연결성을 강화하고 사회 관리를 위해 위기 요소들의 감시와 포착, 통합과 분류, 판단과 전달을 위한 새로운 정부 시스템을 의미하여, 지역 기반 체계인 '사구'와 결합하는 중국적 통치성의 작동 메커니즘으로 설명된다.

마지막 묶음은 스마트 도시의 기술주의에 대한 대항을 상상하는 두 편의
글이다. 박배균은 기술결정주의를 근간에 둔 기업중심주의와 산업적 활용
과 성장을 추구하는 국가주의의 관성을 답습하는 국내의 스마트 도시론의
문제점을 지적한다. 산업사회에서 도시사회로의 전환이라는 역사적 개념으
로서 르페브르가 제시했던 도시혁명의 의미를 강조하면서, 만남과 마주침
을 가능하게 하는 도시공간의 정치적 가능성을 직시할 것과 그것을 위해 스
마트 기술을 도시사회의 해방적 전환을 위해 재구성할 것을 주장한다. 심한
별의 글은 스마트 도시를 우리 일상에 디지털 기술이 보편화되는 현상으로
해석하며, 그러한 상황에서 디지털 세계를 구성하는 플랫폼 알고리즘이 사
용자에게 요구하는 수행성이 시민으로서 누릴 도시의 공공성과 충돌할 수
있는 대척점에 위치하게 된다고 진단한다. 그는 스마트 도시의 공공성을 확
보하는 대안으로서 단순 참여나 데이터 개방을 넘어 알고리즘 자체를 재구
성할 수 있는 대항적 플랫폼의 조건을 강조한다.

　　이상 소개한 여덟 편의 글은 스마트 도시의 인식론과 관련된 다양한 논점
들을 제기한다. 인공지능 기반의 정보 서비스가 점차 우리 일상에 전면적으
로 개입하는 상황은 스마트한 도시의 의미를 더욱 깊이 성찰할 것을 요구한
다. 저자들이 제기한 여러 관점과 비판적 시각에 더욱 풍성한 논의가 이어지
길 기대한다.

제1부
스마트 도시의 이해

1장
스마트 도시 이야기
허구와 실제 사이

임 서 환

    지난 십여 년간 스마트 도시는 정보통신기술에 의한 도시 혁신의 상징이 되어 정부와 학계 및 업계의 주목을 받아왔고, 세계 많은 도시의 시장들이 자기 도시를 스마트 도시로 재탄생시키려 하고 있다. 우리 정부는 스마트 도시를 4차 산업혁명의 주요 기술 시연장으로 보고 '세계 최고의 스마트시티 선도국으로의 도약'을 목표로 이의 연구개발과 건설을 독려하고 있다(대통령 직속 4차 산업혁명위원회, 2018). 스마트 기술은 분명 우리의 삶을 더 윤택하게 할 수 있는 잠재력이 있다. 그런데 스마트 도시에 대한 논의가 기술산업적 비전에 치우쳐 그 잠재력을 제대로 살리지 못할 우려가 있다. 이글은 기술산업적 비전의 스마트 도시 이야기에 대한 비판적 논의들을 살펴보고, 도시를 기술의 눈으로 재단하고 조형하려는 접근에서 벗어나 기술을 도시의 눈으로 분별하고 적용해야 함을 주장하고자 한다.

1. 스마트 도시 이야기

'스마트 도시(smart city)'라는 말은 정보통신기술을 통합하여 도시 인프라를 현대화한다는 의미로 사용되기 시작했는데, 특히 지구 환경문제를 다룬 리우 지구정상회의 때인 1992년경에 등장했다고 한다(Calzada, 2018). 1992년, 한 저술(Gibson, Kozmetsky, and Smilor, 1992)의 제목에 '스마트 도시'가 등장했고, 1990년대 중반부터 정보통신기술의 도시적 활용에 관한 연구가 늘어났다. 이후 스마트 도시는 정보통신기술이 주도하는 도시 혁신과 발전의 상징이 되어 학계, 정부, 업계의 주목을 받았다(Mora, Bolici, and Deakin. 2017: 3~27). 1994년 호주 애들레이드(Adelaide) 인근에 계획되었던 다목적 도시(The Multifunction Polis), 그리고 1997년 건설된 말레이시아의 사이버자야(Cyberjaya)와 푸트라자야(Putrajaya) 등도 스마트 도시의 기치를 내걸었다고 한다(Cugurullo, 2018). 그러나 스마트 도시 이야기가 지금과 같이 힘을 얻어 유포되기 시작한 것은 2010년경 스마트 도시를 회사 상표로 출원, 등록한 아이비엠(IBM)을 비롯하여 거대 기술기업들이 도시를 새로운 기술 시장으로 보고 뛰어든 때부터인 것으로 보인다.

2005년 이후 IBM, 시스코(Cisco), 지멘스(Siemens) 등 기술기업들은 복잡한 정보시스템을 건축물, 교통시설, 배전 및 배수, 공공안전 등의 도시 인프라와 서비스를 통합하는 데 적용해 왔다(Harrison and Donnelly, 2011). 또 이들을 포함한 소프트웨어 에이전트들은 유비쿼터스 인터넷 연결과 전파식별(RFID) 태그 같은 축소된 전자장치들에 힘입어 놀랄 만큼 능률적인 로봇의 이미지로 스마트 도시의 비전을 제시했다(Poole, 2014). 기술기업들은 정보기술의 편익을 대대적으로 선전했다. 에너지와 물 같은 자원의 소비와 이산화탄소의 배출을 줄이고, 기존 인프라의 활용도와 삶의 질을 높이고, 시대에 뒤떨어진 건설프로젝트의 필요성을 줄이며, 실시간 안내로 시민들의 복합적 교통수단 이용을 최적화하고, 실시간 데이터 공개로 도시 서비스의 상업적 운영을 촉진하고, 도시의 회복탄력성을 높인다는 것이다. '스마트 도시'는 학술적으로 정의된 개념으로서보다는 이런 기술기업들에 의해 하나의 버즈 워드, 프로젝트, 브랜드, 마케팅 개념으로 확대 재생산된 것이다(Harrison and Donnelly, 2011).

IBM의 예를 보자. 2008년 11월 최고 경영자 새뮤얼 팔미사노(Sam Palmisano)는 "보다 스마트한 지구(A Smarter Planet: The Next Leadership Agenda)"라는 제목의 강연을 했다. 세계의 도시들이 더 지속가능하고 경제적으로 더 능률적인 도시가 되기 위해서는 더 '스마트'해져야만 한다고 주장하면서 스마트 기술을 선전하기 시작했다. 1993년 연간 손실액이 80억 달러에 이르는 등 1990년대와 2000년대 초는 IBM이 재정적인 어려움을 겪던 시기였다. 2004년 퍼스널 컴퓨터(PC) 부서를 매각하는 등 사업 분야를 하드웨어 디자인과 생산으로부터 컨설팅과 소프트웨어 개발로 전환하였다. 그리고 도시를 거대한 미개척 시장으로 보았다. 2010년경에는 '스마터 도시(smarter cities)'를 회사의 상표로 출원, 등록하였다. 싱가포르, 리우 등 도시들과의 스마트 도시 사업을 추진하고 전 세계의 수많은 지자체들을 대상으로 무료 컨설팅 사업 등을 전개하면서 이 분야 시장의 선두 주자가 되었다. IBM의 스마터 도시 캠페인은 현대 도시의 문제와 결함을 역설한다. 즉 도시인구가 늘어나면서 도시 서비스에 대한 수요는 증가하는데 도시 인프라는 낡거나 시대에 뒤떨어지고 도시의 경영은 더 복잡해져, 지자체들은 재정의 한계와 부적절한 운영시스템 등으로 어려움을 겪고 있다. 그래서 전통적 솔루션 이상의 솔루션이 필요한데, IBM이 이런 문제를 정확하게 진단하고 그에 대한 솔루션을 제공할 수 있다는 것이다(Söderström, Paasche, and Klauser, 2014: 307~320).

세계화의 진전에 따라 도시 경쟁 시대를 맞이한 도시의 시장들이 이런 기술기업들의 비전에 동조했다. 도시들은 옛날부터 서로 경쟁해 왔다. 그러나 오랫동안은 중앙정부 통제 속의 경쟁이었다. 세계화는 국민국가(nation states)의 공간을 도시, 지역, 권역 등 여러 위계의 장소들로 분할하고 자본과 고급 인력들을 끌어들이기 위한 장소들 간의 경쟁을 심화시켰다(Harris, 2007). 국가 간 경계의 의미가 약해지고 자본과 노동, 특히 창조적이고 생산적인 인력이 지구적 범위로 넓게 이동함에 따라 도시지역들(city-regions)이 국민국가를 대신하는 새로운 경제 단위로 등장했다고도 한다(Florida, Gulden, and Mellander, 2004). 도시 시장들은 도시의 브랜드가치를 높이고 이미지를 좋게 하여 투자자, 사업체, 기관, 관광객, 주민 등에게 매력 있는 도시로 보이게 하려는 목적에서 스마트 도시에 관심을 기울였다. 도시는 인터넷 세대들(internet natives)의 가치관과 생활방식에 영합하는 디지털도시여야 했고(Harrison and Donnelly, 2011), '스마트'는 혁신과 현대화를 내세우는 도시와 지역의 브랜드가 되었다.[1] 더욱이 긴축정책(austerity politics)의 시대에 도시들은 경쟁에 뒤지지 않기 위해서 공공 인프라와 서비스의 경영을 민간 부문으로 넘기게 된다(Morozov and Bria, 2018).

이런 배경에서 스마트 도시의 개념과 기대효과 등에 대한 논의는 일찍이 거대 기술기업들과 자기 도시를 홍보하려는 시 당국들이 주도해 왔다. 그래서 일부에서는 스마트 도시가 "도시 서비스 민영화의 시대에 기술업체들이 지어낸 허구"(Morozov and Bria, 2018), "시장에서 우위를 확보하려는 IBM의 스토리텔링에 초점을 맞춘 이데올로기적 구성물"이자 "도시 기술을 구현할 때 자기 회사를 꼭 거쳐야 하는 의무통과점(obligatory passage point)으로 만들기 위한 스토리텔링"(Söderström, Paasche, and Klauser, 2014: 307~320)이라고도

---

[1]   The Editorial Team of The Place Brand Observer. 2018. "Smart Cities and Place Branding: Which are the Opportunities and Challenges?" 29 August 2018. https:// placebrandobserver.com/smart-cities-place-branding-opportunities-challenges/

말한다. 결국 스마트 도시 이야기는 도시화에 따라 가중되는 재정적, 행정적, 환경적 압박을 벗어나기 위해서는 혁신적인 정보통신기술에 의지해야 한다는 인식이 확산하는 가운데, 도시를 새로운 시장으로 개척하려는 기술기업들과 도시가 처한 곤경을 벗어나고 또 홍보하려는 시 당국들이 하나의 유행, 프로젝트, 브랜드, 마케팅 개념으로 확대 재생산해 왔다고 할 수 있다.

스마트 도시 이야기는 지속가능한 도시개발에 관한 지구적 의제에서까지 언급됨으로써 공신력을 더한 것처럼 보인다. 2016년 10월 에콰도르의 키토에서 개최된 '유엔 주택 및 지속가능한 도시개발 회의'2의 주제별 연구보고서 중 21번째 보고서가 스마트 도시에 관한 것이다. 보고서는 2050년경 지구 인구의 70%가 도시에 거주하게 될 것이고, 그에 따라 에너지 소모, 온실가스 배출, 도시 기반시설 부족, 교통난, 주택난, 폐기물 처리, 거버넌스 등의 문제가 심화할 것으로 보았다. 그래서 도시의 계획, 관리, 거버넌스에 대한 혁신적 접근이 필요한데, 스마트 도시가 유력한 대안이라는 것이다 (United Nations, 2015). 이는 해비타트 III의 키토 선언(Quito Declaration)에 반영된다.

2050년경 세계의 도시인구는 거의 2배가 되어 도시화가 21세기의 가장 큰 변화의 모습이 될 것이다. 인구와 경제활동 그리고 사회적 및 문화적 교류가 점점 더 도시로 집중하여……무엇보다 주택, 인프라, 기본 서비스, 식량 안보, 보건, 교육, 제대로 된 일자리, 안전, 자연자원 면에서 엄청난 지속가능성의 과제를 부여할 것이다(United Nations, 2017: 1). ……우리는 디지털화, 청정에너지, 기술을 이용하는 스마트 도시 접근법을 채택해서 거주자들이 더 환경친화적인 삶을 택할 수 있게 하고 지속가능한 경제성장을 신장하고 도시

---

2   UN-HABITAT III. 이하 '해비타트 III'로 약칭.

서비스를 증진할 것을 공약한다(United Nations, 2017: 19).

요약하면, 스마트 도시 이야기는 '세계 인구의 대부분이 도시에서 살게 될 전망이다. 그런데 도시의 기반시설과 당국의 행정적·재정적·제도적 역량은 이러한 도시화에 대응하기에는 한계가 있다. 스마트 기술이 이 곤경을 타개할 수 있다'는 것이다. 이런 이야기가 힘을 얻어 도시문제를 정보와 기술의 문제로 규정하고 데이터와 소프트웨어로 해결할 수 있고 또 해결해야 한다는 생각을 고취했다. 기술기업들과 자기 도시를 스마트 도시로 부각하려는 시장들, 그리고 새로운 산업 기회와 기술시장 개척에 주목하는 정부 정책 수립가들이 사회적·경제적·환경적 문제와 관련하여 스마트 기술이 가져다줄 진보의 비전을 두드러지게 내세운다. 그래서 스마트 도시에 대한 논의의 초점이 정보통신기술로 증강된 도시시스템의 관리운영에 맞추어진다. 스마트 기술시스템이 모든 것을 과학적으로 파악하고 판단해서 인간이 필요로 하는 것들을 알아서 제공해 준다는 것이다. 이에 대해 뉴욕 뉴스쿨대학교 인류학 교수 섀넌 매턴(Shannon Mattern)은 내장 센서, 없는 곳이 없이 설치된 카메라와 비콘,[3] 네트워크화된 스마트폰, 그리고 이 모두를 다 연결하는 운영시스템(operating systems)이 전례 없는 능률성과 연결성과 사회적 조화를 가져다주는 미래의 문턱에 서 있는 셈이라고 말한다(Mattern, 2017). 암스테르담 대학교의 마르틴 데 발(Martijn de Waal) 교수가 시스코의 송도 마스터플랜을 보고 한 물음은 스마트 도시에 대한 이런 유토피안 비전에 대한 의구심을 잘

---

[3] 비콘(beacon) 또는 비컨은 특정 위치의 정보를 전달하기 위해 사용되는 장치이다. 흔한 예로는 장애물 주변을 항해하거나 항구로 들어오게끔 하기 위해 사용할 수 있는 고정된 지점에서 주의를 주는 등대나 나라에 병란이나 사변이 있을 때 신호로 올리던 불인 봉수가 있다. 더 현대적인 예시로는 다양한 무선 표지(radio beacon)가 있으며 어떠한 기후에서도 읽을 수 있는 무선 방향 탐지기, 그리고 레이더 디스플레이에 나타나는 레이더 트랜스폰더가 포함된다. 비콘은 공항의 상태 등 중요한 정보를 제공하기 위한 수기 신호 또는 기타 지표와 함께 사용할 수도 있다. 〈위키백과〉

나타낸다. "빌게이츠가 말한 '소프트웨어의 마법'4이, 인간이 필요로 하는 것들을 자동적으로 충족시켜 주는 도시에 대한 꿈이, 무엇이 필요한지를 우리 자신들이 미처 알기도 전에 우리 주변의 세계가 우리 개개인의 필요를 충족시키는 데 맞추어지는 그런 미래가 이제 실현되는 것인가? 이것이 미래의 도시인가? 또 우리는 그런 도시에 살기를 원하는가?"(Waal, 2014)

미시간 주립대학교의 정치학 교수 토빈 크레이그는 끊임없는 기술혁신의 세계 속에 사는 우리의 생각과 행동 속에는 이런 기술유토피아니즘(techno-utopianism)이 자리 잡고 있다고 말한다(Craig, 2019). 기술유토피아니즘은 터무니없는 이념은 아니다. 예루살렘 히브리대학교의 역사학 교수 유발 하라리(Yuval Noah Harari)는 호모사피엔스가 다른 생물 종과 달리 마침내 수천, 수만 명이 모여 사는 도시와 수억 명의 사람을 다스리는 제국을 건설할 수 있었던 것은 국가, 법인, 돈과 같은 허구(fiction)를 만들어낼 수 있었기 때문이라고 했다(하라리, 2015). 그런데 허구를 말하고 도시와 제국을 건설하는 생각은 기술이 전제되지 않고서는 할 수 없었을 것이다. 그 허구가 정교할수록 더 정교한 기술을 상정할 수 있어야 했을 것이다. 여기서 기술은 단순한 수단적 쓰임새 이상의, 세계를 이해하는 방식 또는 태도이다.

2. 기술중심주의

스마트 도시 이야기의 바탕에는 몇 가지 기술중심주의적 태도가 깔려 있

---

4   2014년 스탠퍼드대학교 졸업식 연설에서 빌 게이츠는 1975년 그가 학교를 중퇴하고 마이크로소프트를 설립하게 된 동기가 "컴퓨터와 소프트웨어의 마법이 모든 이들에게 역량을 부여할 것이고, 그에 따라 세계는 훨씬 더 좋은 곳이 될 것"이라는 믿음이었다고 했다(*Stanford Report*, June 15, 2014).

다. 첫째 기술해법주의를 들 수 있다. 미국의 기술사회학자 에브게니 모로조 프(Evgeny Morozov)는 "모든 복잡한 사회적 상황을 계산이 가능한 확실한 해법이 있는 문제로, 즉 알맞은 데이터와 알고리즘만 있으면 쉽게 최적화할 수 있는 투명하고 자명한 프로세스로 재주조"하는 태도를 해법주의(solution-ism)라고 불렀다(Morozov, 2013). 데이터 학자 벤 그린(Green, 2019)이 말하는, "모든 문제를 기술의 눈(tech goggle)으로 정의하고 기술로써 해결될 수 있고 또 해결되어야 한다"고 보는 태도라 하겠다. 스마트 도시에 대해서는 지멘스가 그러한 태도를 표명한 바 있다. "지금부터 수십 년 후 도시는 셀 수 없이 많은, 자동적으로 그리고 지능적으로 작동하면서 사용자들의 습성과 에너지 소비에 대한 완벽한 지식을 가지고 최적의 서비스를 제공하는 정보 기술(IT)시스템을 갖출 것이다."[5] IBM 등 동종의 기업들에도 같은 생각이 잠재해 있다. 이런 태도는 "세계는 원칙적으로 우리가 완벽하게 알 수 있는 대상이고, 그 내용물은 계수화할 수 있고 그들 간 관계는 어떠한 편견이나 왜곡 없이 기술시스템의 형태로 유의미하게 코드화할 수 있다"고 보는 것이다. 도시의 문제와 관련해서도 "사람들의 필요(human needs)를 충족할 수 있는 확실한 해법이 있으며, 이 해법은 올바른 입력장치를 갖춘 기술시스템의 운용으로 얻을 수 있고, 어떤 왜곡 없이 코드화될 수 있는 것"이라고 본다 (Greenfield, 2013). 기업들과 정부들은 이런 생각에서 새로운 기술을 채택해서 더 능률적이고 스마트한 도시를 만들려고 한다.

그런데 여기에 주의해야 할 점이 있다. 기술의 개발과 이용은 진공 속에서 이루어지는 어떤 탈가치적 과정이 아니다. 도시가 더 새롭고 능률적인 기술들을 채택하는 데는 가치와 정치의 문제가 따른다. 예컨대 스마트 도시는 효

5 Siemens Corporation. "Sustainable Buildings-networkded Technologies: Smart Homes and Cities, Pictures of Future" Fall 2008. Greenfield (2013)에서 인용.

율성을 중요한 가치로 내세우는 데, 무엇이 효율적이어야 하는가의 문제에는 본래적으로 정치적 과정이 개재되어 있다. 즉 어떤 기준, 누구의 기준, 누구의 이해관계에 따른 효율성인가라는 문제가 따른다. 그런데 해법주의는 복잡하고 규범적이고 쟁론적인 정치적 결정들을 객관적으로 및 기술적으로 해결할 수 있는 과제로 인식하도록 만든다. 도시 생활의 모든 고질적 문제들을 기술의 문제로 인식하도록 하거나 기술로 해결할 수 있는 이슈들만을 골라서 진단하게 한다. 기술에 기반을 두지 않는 대안적 목표나 비전은 인정받기 어려워지고 기법적 해법(technical solution) 외에 정책 개혁 같은 다른 해법들은 간과된다(Green, 2019). 행동과학을 연구하는 철학자 아브라함 카플란(Abraham Kaplan)은 우리는 문제를 정립할 때 우리가 이미 익숙해 있는 해법을 전제로 정립하려는 경향이 있다고 말한다. 그는 이를 도구의 법칙(망치의 법칙이라고도 함)이라 일컬었다.6 아이들에게 망치를 쥐여 주면 보는 것마다 두드릴 것으로 보려고 하듯이, 어떤 도구나 새로운 수단을 가지게 되면 모든 문제나 일들을 그 도구 또는 수단의 사용 대상으로 보려고 한다는 것이다.

벤 그린은 사회적 이슈들은 이른바 '악성 문제(wicked problem)'로 너무 복잡하고 가치판단적이어서 '최적 해법'에 대해 말하는 것이 무의미하다고 말한다. 이런 사회적 문제들은 깔끔한 해법이 거의 없다. 그는 이런 문제들을 기술로 해결한다는 것은 오도이거나 기만이라고 말한다. 기술이 갖는 사회적 정치적 영향을 제대로 인식하지 못하게 하고 대안적 접근방법을 무시한다. 또 중립성의 추정은 기술의 진보라는 이름으로 정당한 정치적 논의를 차단하여 현상을 유지하고 체제적인 개혁을 막는다. 무엇보다 우리의 기능을 기술이 하도록 하게 되면 우리가 이루고자 하는 세계에 대한 비전을 개발할

---

6   The law of the instrument or the hammer. Kaplan, A. 1964. *The Conduct of Inquiry: Methodology for Behavioral Science.* San Francisco: Chandler Publishing Company 참조.

능력을 우리에게서 스스로 제거하는 꼴이 된다. 예컨대 우리의 도시가 어떤 도시가 될 수 있고 또 되어야 하는지에 대한 생각의 폭을 좁힌다. 그는 결함을 완전히 없애고 모든 것을 '능률적인 것으로' 만들려는 이 충동이 진보의 다른 길들을 막아버리고 궁극적으로는 알고리즘이 이끄는 세계로, 선출된 정부 대신 실리콘밸리가 미래의 모양새를 결정하는 그런 세계로 우리를 끌고 갈 것이라고 말한다(Green, 2019).

둘째는 데이터이즘이다. 빅데이터 개념의 등장과 함께 어떤 문제를 파악하고 해결책을 모색하는 과정에서 데이터와 알고리즘에 대한 의존도가 점점 커졌다. 뉴욕타임스 시사 평론가 데이비드 브룩스(David Brooks)는 '데이터 수집 능력이 엄청나게 커짐에 따라, 측정할 수 있는 모든 것은 측정되어야 하고, 데이터는 감정과 이데올로기를 걸러내므로 투명하고 신뢰할 수 있고 미래 예언 같은 놀라운 일을 할 수 있도록 해준다'고 하는 생각이 문화적 전제(cultural assumption)가 되었다고 하면서 이를 데이터이즘이라 일컬었다(Brooks, 2013). 유발 하라리는 전 우주가 데이터의 흐름으로서 알고리즘으로 재현할 수 있고 인간의 모든 문제는 올바른 코드와 알고리즘과 로봇(자동기계장치)으로 해결 가능하다고 보는 태도를 데이터이즘이라고 했다. 그는 이 데이터이즘이 중립적 과학이론으로 시작했지만 이제는 옳고 그름을 판정하는 데이터교(data religion)가 되었고 '정보 흐름(information flow)'이 이 새 종교의 지고의 가치가 되었다고 말한다(Harari, 2016).

스마트 도시의 작동에는 데이터와 알고리즘이 핵심적 역할을 한다. 스마트 도시는 기본적으로 다양한 데이터를 수집, 저장, 처리, 통합, 추론하고 제어시스템에 전송하여 장치들을 작동시켜 필요한 서비스를 하도록 한다. 이 시스템이 얼마나 정교하게 지능적으로 작동하는가는 센서들이 실시간으로 정확한 지리적 위치 기반의 새로운 데이터 스트림을 어떻게 생성해 내고 또 생성된 데이터가 어떻게 통합되어 어떤 가치를 부가할 수 있는지에 일차적으로 관계되므로, 빅데이터는 스마트 도시와 불가분의 관계에 있다(Batty, 2013: 274~279). 빅데이터는 전에 없던 새로운 방식으로 우리가 더 많은 것을 알고 풍부하게 이해할 수 있게 해준다. '사람은 자기 의견을 주장할 권리는 있지만 자기에 대한 사실(fact)에 대해 (옳다고) 주장할 권리는 없다'는 말이 있다.[7] 데이터이즘은 편견 없는 객관적 사실은 데이터가 말해준다고 할 것이다. 그런데 데이터가 결코 객관적·보편적 사실만을 말해주는 것은 아니다. 데이터를 생산하고 분석하고 해석하는 행위들이 세상과 세상의 현상들을 완전히 다르게 이해하게 만든다. 어떤 데이터를 어떻게 수집하고 코드화하고 저장하고 분석하고 해석하는가는 근본적으로 관계된 개인이나 기관들에 특정한, 주관적인 것이기 때문이다(Green, 2019).

예를 들면 튀르키예의 작가이자 기술사회학자 제이넵 투펙치(Zeynep Tufekci)는 전산정치학(computational politics)의 문제를 제기한다. 빅데이터와 그 분석 도구들은 공론장에서 투명성은 떨어지면서 효과는 더 큰 '동의의 공작(engineering of consent)'을 조장할 수 있다. 공론의 장이 부분적으로 온라인상의 장으로 옮겨가게 되는데, 이 온라인 공론장은 상호 교류를 관찰하고 감시하고 대규모의 데이터세트를 수집하게 된다. 이에 따라 가령 선거에서 어떤 후보나 정책이나 입법을 지원하거나 반대하는 운동을 펼칠 때 온라인 및 오프라인 소스로부터 도출된 대규모 데이터를 전산기법으로 가공하는 문제가 대두된다. 이는 빅데이터 기술의 발전에 따른 것이다. 과거의 데이터 수집, 분석은 복잡한 간접 추론이 필요했고 또 총합적인 윤곽 파악만 가능했다. 그러나 빅데이터 수집 분석은 보이지 않는 잠재된 방식으로 더 개별화된

---

7 "Everyone is entitled to his own opinion, but not to his own facts." 미국의 정치가, 사회학자, 외교관이었던 대니얼 패트릭 모이니한(Daniel Patrick Moynihan) 외에 여러 사람이 비슷한 말을 했다고 한다. Quote Investigator(https://quoteinvestigator.com/2020/03/17/own-facts/) 참조.

프로파일링과 모델링을 할 수 있게 해준다. 그래서 정치적 소통이 점점 개인화된 사적 거래로 바뀌어 공론의 장이 근본적으로 공공성이 점점 감소하는 쪽으로 개조된다. 예컨대 선거 캠페인에서 특정 유권자 한 사람만 보도록 하는 페이스북 광고를 하는 등 공론의 장을 떠나 유권자와 개별적으로 소통한다. 총계적 분석과 프로파일링을 넘어 특정 개인을 모델링할 수 있게 되어 한 개인에 대한 답을 그에게 직접 묻지 않고도 얻을 수 있게 되고, 그에 따라 속임수와 불투명성에 의존하는 새로운 기법들이 등장하게 되었다. 그리고 이 방법들을 구성하는 데이터, 도구, 기법들은 소유권이 있는 비싼 데이터를 필요로 하며, 대부분 소수의 인터넷 플랫폼이 소유한 불투명한 비공개 블랙박스 알고리즘에 의해 구사된다. 이에 따라 권력의 중앙집권화와 위임이 불가피한 큰 규모의 사회에서는 권력을 가진 자가 늘 보통 시민들의 의견, 믿음 그리고 마침내 투표 행동까지도 조종할 수 있게 된다. 권력을 가진 자들은 자신의 목적 달성을 위해 대중을 조작하는 '사회 공학자'가 되는 것이다 (Tufekci, 2014).

데이터는 수치적으로 측정되고 분석되는 사실(fact)이다(Bullivant, 2015). 도시의 작동도 데이터의 마이닝, 상호 연계, 소프트웨어 기반의 분석으로 파악할 수 있게 된다. 그래서 도시의 움직임을 정량화하고 데이터화하려고 한다. 이 계량적·기법적 방법들은 적어도 겉으로는 공정하고 사사로운 목적의 개입이 없는 것처럼 보인다. 즉 정치적으로 얽히는 일들이 은폐된다. 그린은 "계량화는 결정하는 것처럼 보이지 않으면서 결정을 하는 방법"이라고 말한다. 그래서 스마트 도시는 우리의 삶에 변화를 가져올 수 있는 결정을 하면서도 그 알고리즘들이 어떻게 개발되고 작동하는지에 대해 대중들은 거의 알지 못하게 되는, 책임성 없는 깜깜이 도시(black-box cities)가 될 수 있다고 한다(Green, 2019). 겉보기에 탈이념적인 지방 정권들이 이런 데이터주의 기법들을 구사한다. 이런 방법은 가령 민영화와 비용 삭감, 조합 분쇄, 취약 커뮤니티에 대한 징벌적 치안 감시 등 매우 정치적이고 규범적인 결정에 대한 핑계로 이용된다. 데이터의 이용과 정치가 역사적 상황에 의해 연동된다는 이런 사실이 도처의 스마트 도시 계획에서 간과되고 있다(Shelton, 2017).

셋째는 시스템 사고(systems thinking)이다. 시스템 사고는 사회나 도시는 상호 기능적으로 관련된 요소들의 집합이고 이 요소들 간의 상호작용 관계를 통해 전체의 작동방식을 파악하고 조정할 수 있다는 생각이다. 시스템 접근법은 실세계의 혼란한 과정들을 조작적(operational) 모델이나 공식으로 재현하여 그 과정들의 조작 가능성을 모색할 수 있게 해준다는 점에서 활용도가 높았다. 그래서 1950~1970년대 인문지리, 공간분석 및 도시계획 등의 분야에서 지배적 인식론이기도 했다. 도시를 시스템으로 보는 시각은 훨씬 더 오래전부터 있었다. 그 뿌리는 신체를 순환기계 시스템으로 보는 혈류 이론에 영향을 받은 유기체론적 도시 비전이었다. 계몽시대의 도시계획가들은 도시를 인체에 비유하여 도로에 '간선(arteries-동맥)'이니 '지선(veins-정맥)'이니 하는 말을 붙였다. 유기체주의 도시계획에서는 도시를 기능적으로 연결된 여러 부분으로 구성된 것으로 본다. 시스템 사고는 이런 점에서 유기체론적 전통을 이은 것이다. 다만 전통적 유기체론의 모델이 도시를 살아 있는 유기체로 비유했다면, 현재의 시스템 이론은 컴퓨터에 대한 은유에 바탕을 둔다(Söderström, Paasche, and Klauser, 2014).

컴퓨터 시뮬레이션을 통한 도시계획은 1940년대 러시아 태생 미국의 과학소설가 아이작 아시모프(Isaac Asimov)의 시리즈 소설, 『파운데이션(Foundation)』에서 처음 시도되었다고 한다. 이후 사이버네틱스 학자들이 도시의 오퍼레이션을 예측하는 시스템을 만들려는 시도를 계속했다. 미국의 컴퓨터 엔지니어이자 시스템 과학자 제이 포레스터(Jay Wright Forrester)의 '어반 다이내믹스'가 대표적인 예다. 그는 1966년 도시의 성장, 정체, 쇠퇴, 회복을 시뮬레이션하는 모델을 개발했다. 1960년대 초 피츠버그, 1970년대 초

뉴욕 등지에 적용했으나 별다른 성과가 없었고, 이후 도시문제 등을 컴퓨터로 계산, 해결책을 찾으려는 많은 시도들은 그다지 성공적이지 못했다. IBM의 도시운영시스템은 이 어반 다이내믹스를 부활시킨 것으로, 2011년 포틀랜드와 오리건에 설치했다. 이후 거대 기술기업들은 '더 큰 데이터, 더 큰 컴퓨터, 더 큰 모델'로 포레스터의 실패를 극복하고 최적의 도시 관리를 달성할 수 있다는 믿음에서 도시의 전산화를 지속해 왔다. 그리고 이제 세계의 많은 도시 시장들이 IBM, 시스코, 지멘스 등 거대 기술업체와 팀을 이루어 자기 도시를 스마트 도시라는 이름의 컴퓨터화된 어반시스템으로 만들려고 하고 있다(타운센트, 2018).

시스템 사고에서 보면 도시의 다중인프라시스템은 시스템들의 시스템, 즉 서로 맞물려 작동하거나 기능하도록 해주는 시스템들의 네트워크이다. 이 네트워크의 잠재력을 지속가능한 도시화의 동력으로 이용하자는 것이 스마트 도시의 요체다. IBM은 도시를 크게 계획 및 관리 서비스, 인프라 서비스, 인적 서비스의 3개 상위 시스템으로 나누고, 각 시스템을 또 각기 3개 하위 시스템으로 나눈다. 즉, 계획 및 관리 서비스는 스마터 건축 및 도시계획, 정부기관, 행정 등 서비스시스템, 인프라 서비스는 에너지와 물, 환경, 운송 등 서비스, 그리고 인적 서비스는 사회 프로그램, 보건, 교육 등의 하위 서비스시스템으로 구성된다고 본다. 이 시스템들을 계기화(Instrumentation: 도시의 현상들을 데이터로 변환), 데이터의 상호 연결(Interconnection), 소프트웨어 지능(Intelligence) 등 3'I'로 최적화한다는 것이다. 여기에서 도시는 공통 기준으로 분류할 수 없는 교육, 비즈니스, 안전 등 사회기술 분야들(socio-technical worlds)로 이루어지는 것이 아니라 도시라는 시스템의 작용 과정 속의 데이터로 이루어지는 것으로 본다. 도시의 분석을 기계적 비전으로 환원시키는 것이다. 그래서 아홉 개 시스템의 도시 주제들은 더 이상 주제별 전문가들이 필요 없이, 데이터의 발굴, 상호 연계, 소프트웨어에 의한 분석만을 필요로 하는 것으로 간주한다. 즉 스마트시티는 세 'I'의 결과물이 된다. 여기서 복잡성과 다중성의 도시는 일률적인 어떤 측정등급으로 파악되는 시스템으로 단순화되고 평면화된다. 그래서 정치적 이슈들이 감추어지거나 왜곡된다. 예컨대 소수집단이나 힘없는 집단, 선거권 없는 집단, 비주류 집단의 요구들은 전체의 편익을 추구하는 정책을 저해하는 요인으로 간주된다. 도시에 대한 이 기술관료적 접근이 스마트시티 캠페인의 반복적 수사를 통해 능률적 도시경영의 핵심으로 제시된다(Söderström, Paasche, and Klauser, 2014). 이런 태도들이 빚어낼 도시는 어떤 모습일까?

3. 기술주도형 스마트 도시

벤 그린은 스마트 도시가 도시 생활에 혁신을 일으킨다고 할 때 그것은 어떤 기술적 유토피아를 만들어내서가 아니라 그만큼 도시 정치의 풍경을 변혁시킴으로써 그렇게 될 것이라고 한다(Green, 2019). 그런데 기술중심주의적 태도는 도시문제를 기법적(technical)이고 실무적인, 비이데올로기적인 문제로 환원함으로써 사회정치적 이슈를 감춰버린다. 스마트 도시가 신자유주의적 통치성에 쉽사리 부합한다는 논변은 이의 연장선상에서 이해할 수 있다. 광운대학교의 철학 교수 도승연은 스마트 도시는 그 기술의 내재적 특성에 의해 신자유주의 질서에 기반을 두는 현대적 통치성의 수단이며 결과이고 동시에 효과가 된다고 말한다. 현대국가의 신자유주의적 통치성은 '통치성이 마치 작동하지 않는 듯 보이면서, 통치의 대상을 더욱 세심하고 면밀하게 인도하고 조절하면서 주민의 위험과 일상의 문제를 최적의 차원에서 대응'하려 하는데, 사람들이 알아채지 못하는 배후의 컴퓨터시스템으로 모든 기능을 수행하는 스마트 도시는 이러한 신자유주의적 통치성에 잘 부응한다는 것이다(도승연, 2017). 이를 예증하는 사례연구들이 있다.

　도시에 배치되는 소프트웨어가 사회적 지리적 계층 분리에 기여한다는 연구도 하나의 예이다. 영국 더럼(Durham)대학교의 인문지리학 교수 스티븐 그레이엄(Stephen Graham)은 선진국 사회에서 컴퓨터화된 코드가 사회적 및 지리적 불평등의 정치를 빚어냄에 있어 중심적 역할을 하는 문제를 연구했다. 이 연구를 통해 그는 매우 다양한 '소프트웨어에 의한 선별(software-sorting)' 기법들이 광범한 부문들에 걸쳐 특권 집단이나 장소를, 한계 집단이나 장소와 분리하는 데 적용되고 있고, '소프트웨어에 의한 선별'의 혁신은 신자유주의적 국가 건설(state construction)과 서비스 공급 모델의 정교화에 밀접하게 관련되어 있다고 말한다. 많은 정부가 시민들이 중심이 되는, 시민들을 위한 스마트 도시를 말한다. 그런데 무엇이 시민 중심이고 무엇이 시민을 위한 것인지의 판단이 시 정부와 짝을 이루어 일하는 기술기업들과 엔지니어들의 알고리즘에 점점 더 맡겨지는데, 이 알고리즘이 눈에 보이지 않게 오남용된다는 것이다(Graham, 2005: 1~19).

　감시(surveillance)가 현대 생활 속에 새로운 방식으로 서서히 침투해 들어오는 사태에 대한 우려도 있다. 스위스 뇌샤텔(Neuchâtel) 대학교 지리학 교수 프란시스코 클라우저(Francisco Klauser) 등은 스위스의 실제 스마트 전기 관리 프로젝트에 대한 경험적 사례 연구를 토대로 소프트웨어로 중재되는 도시시스템의 원격 조절 및 관리 기법들이 국민 정체성의 구축과 서비스공급의 신자유주의 모델을 더욱 정교하게 하는 일에 밀접하게 관련되어 있다고 말한다. 그에 의하면 한때 따로따로 분리되었던 감시시스템들이 이제 그가 말하는 새로운 '감시 어셈블리지(surveillant assemblage)'로 수렴되고 있다. 이 어셈블리지는 사람들이 몸으로 그 땅과 엮여온 사연들을 추상화하고 그들을 별개의 데이터 흐름들로 분리한다. 그다음 이 흐름들을 뚜렷이 구분되는 '데이터 더블(data doubles)'들로 재조합한다. '데이터 더블'은 우리의 삶을 디지털 형태로 복제한 것을 말하는데, 정보시스템의 어셈블리지 전역으로 스며 퍼진다. 이 데이터 더블이 사찰과 개입의 표적이 된다. 이 과정에서 감시의 위계 구조가 리좀식으로 평평하게 되어 그전에는 일상의 감시에서 제외되었던 집단들이 점점 더 모니터 대상에 들게 된다. 그리고 데이터가 어디에서 어디로 어떻게 흐르는지를 점점 더 알 수 없게 된다(Klauser, Paasche, and Söderström, 2014: 869~885). 스마트 도시가 도승연 교수가 말했듯 '통치성이 작동하지 않은 듯하면서 통치하는' 신자유주의적 통치에 더욱더 부응할 수 있게 되는 것이다. 이상이 유토피안 스토리텔링이 빚어낼 도시의 사회정치적 쟁점들이라면 도시다움(citiness)의 관점에서 보는 모습은 어떨까?

뉴욕대학교의 루딘 교통정책경영센터의 선임연구원 앤서니 타운센드(Anthony Townsend)는 스마트 도시가 도시를 거울세계(mirror world)로 만들 우려가 있다고 본다. 거울세계는 실제 세계를 디지털 형태로 모사한 것으로, 실제의 인간 환경과 그 작동에 대한 실용적인 소프트웨어 모델을 재현한다. 가상세계(virtual worlds)가 실세계의 모델과 직접 연결되지 않아 픽션이라고 한다면, 거울세계는 실제 모델과 연결되어 거의 논픽션에 가깝다.[8] 도시의 거울세계는 도시를 전체적으로 보는 눈(topsight)을 제공해 줄지 모르나 도시에 실제로 거주하는 사람들의 시선, 소리, 냄새, 그리고 성격 등 사람들이 주관적으로 겪고 느끼는 현실을 소거한다. "모든 것을 알게 되지만 아무것도 느끼지 못하는" 도시가 될 수 있다는 것이다. 그는 "지구를 온통 센서로 둘러싸려는 이 충동으로 인해 우리가 무엇을 얼마나 잃게 될지를 가늠할 수가 없다"라고 말하고, 기업들이 설계한 스마트 도시는 산업자본주의의 폐해를 배가시키는, 그래서 마침내 우리의 영혼을 짓밟는, 자동화된 판박이 어바니

8   https://en.wikipedia.org/wiki/Mirror_world 참조.

즘의 경관을 초래할 수가 있다고 우려한다(타운센트, 2018).

영국 정경대학교(London School of Economics and Politics)의 석좌교수 리처드 세넷(Richard Sennett)은 도시는 복잡한 유기체와 같아서 완벽하게 조화를 이루면서 작동하지 않는다고 말한다. 부분들이 합쳐져서 하나의 통일된 전체를 이루지도 않는다. 그런데 바로 이러한 불협화(dissonances)에 가치 있는 무언가가 있다. 시장의 불규칙성은 누군가에게는 기회를 줄 수 있고, 정연한 통제의 부재는 개인적 자유를 허용하고 무질서는 주관적 경험을 풍부하게 다층적으로 할 수 있게 해준다. 사람들은 이러한 복잡한 삶의 여건들을 연역적으로 및 귀납적으로 이해하게 되는데, 새로운 기술의 위험성은 이런 의식 과정을 억압할 수 있다는 것이다. 그렇게 되면 스마트 도시는 사람을 멍청하게 만드는 도시가 될 것이라고 한다. 가령 마스다르나 송도 같은 스마트 도시 모델은 도시의 활동들을 정연하게 배치하고 중앙지휘센터에서 모니터하고 조정한다. 시민들은 어디서 가장 효율적으로 쇼핑을 하고 진료를 받을 수 있는지에 대한, 사전 계산에 의해 주어지는 선택지의 소비자가 된다. 문제는 도시민들이 그 지식을 어떻게 갖게 되는가 하는 것이다. 정보는 중앙지휘센터에서 도시민들의 포켓용 기기로 전해진다. 도시민들도 정보를 보내지만 그 정보가 무엇을 의미하는지, 그리고 그 정보에 어떻게 대응해야 하는지의 해석은 중앙지휘센터가 하는 것이다. 시행착오를 통한 인지 자극도 없다. 세넷은 이런 점에서 마스다르와 송도는 사람을 멍청하게 만드는 버전의 스마트 도시라고 말한다. 즉 이런 모델에서는 사람들로 하여금 메뉴를 만들도록 하기보다는 메뉴에 나와 있는 품목 중에서 선택만 할 수 있게 한다. 새로운 메뉴, 즉 도시의 창의적 활동들은 이런 시스템의 관점에서 볼 때 부적절한 때에 부적절한 장소에서 일어난다. 19세기 유럽의 도시에서는 새로운 상품들을 내놓는 새 시장들이 시 성벽 근처의 데드 존에서 발달했고, 20세기 미국에서는 결코 그런 산업이 성장할 곳이라고는 상상하지 못했던 도시의 변두리 장소에서 새로운 '두뇌산업'들이 발전했다. 마스다르나 송도의 설계는 이러한 창의적 활동들의 여지를 최소화하는 설계라 할 수 있다 (Sennett, 2012).

계획가들은 한때 사회는 제작할 수 있는 것으로, 그리고 모든 종류의 사회적 마스터플랜을 손에 쥘 수 있다고 생각했다. 영국의 전원도시 운동 창시자 에베네저 하워드(Ebenezer Howard)의 '전원도시', 근대건축을 선도한 르 코르뷔지에(Le Corbusier)의 '빛나는 도시' 등 유토피아적 구상들이 대표적인 예이다. 그러나 도시는 어떤 이상적 계획가가 만들 수 있는 것이 아니다. 수많은 사람이 조금씩 쌓아가며 만드는 것이다. 이런 점에서 저술가이자 사회 운동가였던 저널리스트 제인 제이콥스(Jane Jacobs)는 근대 도시계획의 태도를 극렬하게 비판했다. 근대 도시문제의 해결책으로 제시된 전원도시 같은 유토피아적 구상들을 도시파괴적(city-destroying) 아이디어라고 했다. 제이콥스는 거의 모든 근대 도시계획이 이 어이없는 아이디어로부터 각색되고 윤색되어 왔다고 비판한다(Jacobs, 1961). 마르틴 데 발은 우리가 이제 그러한 생각을 버리는 바로 이 시점에 기술기업들이 삶을 더 지능적인 것으로 만들어줄 것으로 기대되는 알고리즘을 가지고 뛰어들고 있는 것이 스마트 도시라고 말한다(Waal, 2014).

제이콥스의 비판적 시각에서 본다면 기술산업적 비전의 스마트 도시는 자생적 측면, 계획되지 않은 뜻밖의 재미, 친교의 분위기와 같은 도시의 도시다움을 벌목하듯 쳐내려 하는 것이라고 할 수 있다. 이 모든 무작위적인 요소들을 배제하도록 프로그램을 짠다면, 도시는 살아 있는 풍부한 유기체에서 따분한 자동기계장치로 바뀌게 될 것이다. 타운센트는 "도시는 오로지 모든 사람에 의해 만들어질 때만 그 모두를 위한 무언가를 능히 제공할 수 있다. 오로지 도시가 모두에 의해 만들어지기 때문이다"라고 한 제인 제이콥스의 말(Jacobs, 1961)을 상기시키면서, "50년도 더 지나 이제 21세기의 스마트 도시를 만들어내기 시작하면서 우리는 힘들게 학습한 이 진실을 다시 잊어버린 것 같다"고 말한다(타운센트, 2018).

4. 문제지향적 접근

우리는 기술의 힘을 키우는 데는 열심이었고 또 유능했지만, 그 기술로써 답하고자 하는 문제를 생각하는 일에는 그다지 관심을 기울이지 못하는 것 같다. 리처드 세넷은 기술의 역사를 통틀어 새로운 도구(tools)들은 사람들이 그것을 어떻게 사용하는지를 터득하기 전에 등장했다고 한다. 16세기 수술용 메스가 소개된 후 의사들은 거의 한 세기가 걸려서야 그것을 제대로 활용하는 혁신적 수술법을 찾아냈다고 하는데, 지금의 스마트 도시의 새로운 기술도구들(CCTV 카메라, 동작감지센서, 엄청난 양의 데이터를 처리할 수 있는 컴퓨터 등)도 제대로 사용하는 방법을 터득하기까지는 실패와 성공을 수반하는 오랜 기간의 많은 실험이 필요할 것이라고 한다(Sennett, 2012). 1960년대 중반 영국의 건축가 세드릭 프라이스(Cedric Price)는 "기술은 답이다. 그런데 문제가 뭔가?"[9]라는 물음을 던졌다고 한다. 이 물음에 빗대어 보면 스마트 도시 이야기는 도시라는 문제(question)는 잊은 채 기술이라는 답에만 치중해 논란을 벌이는 형국이라 하겠다. 문제는 도시는 기술의 관점에서만 규정될 수 있는 성질의 것이 아니라는 것이다.

도시는 미완성의 과정적 사태이다. 도시공간의 구성방식은 도시마다 다르고 시간에 따라서도 변한다. 컬럼비아대학교 사회학 교수 사스키아 사센

---

[9] 'Technology is the answer. But what is the question?'. Hill, Dan. 2012. 'Digital Collaboration'. LSE and Alfred Herrhausen Society(2012: 19)에서 인용

은 이러한 변화성(variability)을 도시의 미완성(incompleteness)이라고 부른
다. 이는 도시가 더 좋은 쪽으로든 더 나쁜 쪽으로든 끊임없이 개조될 수 있
다는 것을 의미한다. 이것이 오래된 위대한 도시들이 왕국, 제국, 국민국가
그리고 강력한 기업체보다 더 오래 생명력을 유지해 온 이유이다. 강력한 권
력자가 도시를 자기 생각에 따라 개조할 수는 있다. 그러나 도시는 이에 응
수한다. 도시는 부분적으로 밑으로부터의 무수히 많은 개입과 작은 변화들
을 통해 만들어지기 때문이다. 이 다중적인 작은 개입들 하나하나는 대단해
보이지 않을 수도 있지만 합쳐져 도시를 언제나 미완의 사태로 만든다. 사센
은 점점 더 엄청난 인텔리전트 시스템을 조달하는 기업들의 기술산업적 비
전과 모델은 기술적 효율성의 이름으로 부질없이 이 미완성을 제거하려 하
고, 스마트 도시 계획가들은 이 기술들을 볼 수 없게 만듦으로써 기술이 사
용자들과   대화하기보다는   사용자들을   지휘하도록   만든다고   비판한다
(Sassen, 2012).

   타운센트는 기반시설의 공유라는 측면에서 도시가 사람들의 활동을 조직
하는 효율적인 수단인 것은 사실이나 효율성이 우리가 애초에 도시를 건설
한 이유는 아니라고 말한다. 그에 의하면 도시의 목적은 늘 사람들의 모임을
촉진하는 것, '사람들이 서로를 찾고 뭔가 하도록 돕는 소셜 검색엔진', '사
회적 네트워크들 간의 상호작용을 모아 놓은 결과물'이고 이러한 관계에서
자라난 '문명과 문화의 저장소'이고 '집단적 역사와 이상의 보존을 위한 방
대한 기억시스템'이다. 효율성은 인간적인 접촉을 편리하게 하도록 촉진하
는 데 따른 부수적 효과일 뿐이라는 것이다(타운센트, 2018). 우리가 도시를
만드는 것은 건축물과 인프라를 지으려는 것이 아니다. 서로 모여 풍요와 문
화를 창출하기 위한 것이다. 건축물과 자동차와 인프라는 그저 사람들이 그
렇게 할 수 있도록 돕는 것들이지 그 자체가 목적은 아닌 것이다(Sassen,
2012). 그래서 도시는 어떤 마스터플랜에 따라 일사불란하게 건설될 수 있는

것이 아니다. 물리적·사회적·문화적으로 켜켜이 쌓여가는 지질학적 사태로 보아야 한다. 스마트 도시도 엔지니어들이 만든 마스터플랜으로 만들어지는 것이 아니라 수많은 거주자들의 무수한 작은 행위들이 쌓여 형성되는 것이다. 이런 점에서 도시는 다름 아닌 '사람들'임을 상기할 필요가 있다. 이런 문제의식은 고대부터 있었던 것 같다. 기원전 600년경 그리스 레스보스의 시인 알케우스(Alcaeus)는 '도시는 곱게 지붕을 이은 주택이나 잘 축조된 석조 성벽들도 아니고, 또 운하나 선거(船渠)가 도시를 형성하는 것도 아니다. 그런 시설들을 기회로 활용하는 사람들이다'라고 말했다고 한다(Phal, 1968: 3에서 재인용).

요컨대, 스마트 도시의 계획은 기술이라는 답의 시각에서 접근할 것이 아니라 도시라는 문제의 주제 관점에서 접근할 필요가 있다. 즉, 지금 당면하고 있거나 앞으로 당면할 문제가 무엇인지, 그리고 그 문제를 풀기 위해 어떤 기술이 필요한지라는 점에서 접근할 필요가 있다. 타운센트가 이에 대해 매우 적실한 조언을 해준다. "미리 정해진 어떤 마스터플랜이나 모델을 덧씌우기보다는 스마트 테크놀로지가 정말 무엇을 어떻게 새롭게 해결해 줄 수 있는가? 도시 작동 과정의 어느 부분에서 기존 솔루션들을 향상시켜 주는가? 어느 부분에 끼어들어 그 자체의 어떤 새로운 문제를 야기하는가?를 물어야 한다."(타운센트, 2018) 도시를 기술에 맞추어 빚기보다는 기술을 도시에 맞추어 빚어야 한다(urbanizing technology)는 사센의 주장(Sassen, 2012)이나 기술 과잉이 아닌, '필요한 정도만큼 스마트한 도시(smart enough city)'여야 한다는 벤 그린의 주장(Green, 2019)도 같은 맥락의 의미 있는 제언이다.

참고문헌

대통령 직속 4차 산업혁명위원회. 2018. 「도시혁신 및 미래성장동력 창출을 위한 스마트시티 추진전략 2018.1.29」.

도승연. 2017. 「푸코(Foucault)의 '문제화'의 방식으로 스마트 도시를 사유하기」. ≪공간과 사회≫, 공간환경학회지 제27권 1호.

타운센트, 앤서니. 2018. 『스마트시티』. 도시이론연구모임 옮김. MID.

하라리, 유발. 2015. 『사피엔스』. 조현욱 옮김. 김영사.

Batty, M. 2013. "Big data, smart cities and city planning." *Dialogues in Human Geography*, Vol.3 No. 3. pp. 274~279. University College London. UK.

Brooks, D. 2013. "Opinion : The Philosophy of Data." *The New York Times*, 2013.02.04.

Bullivant, L. 2015. *Data-ism: The Revolution Transforming Decision Making, Consumer Behavior, and Almost Everything Else*. New York: HarperCollins Publishers.

Calzada, I. 2018. "(Smart) Citizens from Data Providers to Decision-Makers? The Case Study of Barcelona." *Sustainability*, Vol.10, Issue 9.

Craig, Tobin. 2019. "Voegelin View On Technological Utopianism." *VoegelinView*, June 4 2019. https://voegelinview.com/on-technological-utopianism/

Cugurullo, F. 2018. "The origin of the Smart City imaginary: from the dawn of modernity to the eclipse of reason." Lindner, Christoph and Miriam Meissner(eds). *The Routledge Companion to Urban Imaginaries*. London: Routledge.

Florida, R., T. Gulden, and C. Mellander. 2004. "The Rise of the Mega-Region." CESIS Electronic Working Paper, No. 129. April 2004.

Gibson, D. V., G. Kozmetsky, and R. W. Smilor(eds). 1992. *The Technopolis Phenomenon: Smart Cities, Fast Systems, Global Networks*. Rowman & Littlefield.

Graham, Stephen. D.N. 2005. "Software-sorted geographies." *Progress in Human Geography*. Vol. 29, No. 5. pp.1~19.

Green, B. 2019. *The Smart Enough City: Putting Technology in Its Place to Reclaim Our Urban Future*. The MIT Press

Greenfield, A. 2013. *Against the Smart City*. A Phamplet by Adam Greenfield, Part I of The city is here for you to use. Do Project. New York.

Harari, Yuval. 2016. "On big data, Google and the end of free will." *Financial Times*, August 26, 2016. https://www.ft.com/content/50bb4830-6a4c-11e6-ae5b-a7cc5dd5a28c

Harris, N. 2007. "CITY COMPETITIVENESS." DPU, University College London.

Harrison, C. and I. A. Donnelly. 2011. "A Theory of Smart Cities." 55th Annual Meeting of the International Society for the Systems Sciences.

Hill, Dan. 2012. 'Digital Collaboration'. LSE and Alfred Herrhausen Society. 2012. Urban
    Age Electric City Conference. London. 6~7 December 2012. Organised by LSE
    CITIES at the London School of Economics and Deutsche Bank's Alfred
    Herrhausen Society, pp.19.
Jacobs, J. 1961. *The Death and Life of Great American Cities*. New York: Random House
    Inc.
Klauser, F., T. Paasche and O. Söderström. 2014. "Michel Foucault and the smart city:
    power dynamics inherent in contemporary governing through code." *Environment
    and Planning D: Society and Space*, Vol. 32. pp. 869~885.
Mattern, S. 2017. "A City Is Not a Computer". *PLACES*, February. https://placesjournal.
    org/article/a-city-is-not-a-computer/?utm_source=facebook&utm_medium=cpc&
    utm_ campaign=boost
Mora, L., R. Bolici and M. Deakin. 2017. "The First Two Decades of Smart-City Research:
    A Bibliometric Analysis." *Journal of Urban Technology*, Vol.24, No.1, pp.3~27.
Morozov, E. 2013. *To Save Everything, Click Here: The Folly of Technological
    Solutionism*. New York: PublicAffaires.
Morozov, E. and F. Bria. 2018. *RETHINKING THE SMART CITY: Democratizing Urban
    Technology*. Rosa Luxemburg Stiftung. New York Office. http://www.rosalux-nyc.
    org/rethinking-the-smart-city/
Phal, R.E. 1968. "A perspective on Urban Sociology." R.E. Phal ed. *Readings in Urban
    Sociology*. Pergamon Press Ltd. Oxford, p.3.
Poole, S. 2014. "The truth aboyut smart cities: In the end, they will destroy democracy."
    Smart cities Tech and the cit. *The Guardian*, Wed. 17 Dec. 2014.
Sassen, S. 2012. "Urbanising Technology." LSE and Alfred Herrhausen Society. 2012.
    Urban Age Electric City Conference. London. 6~7 December 2012. Organised by
    LSE CITIES at the London School of Economics and Deutsche Bank's Alfred
    Herrhausen Society.
Sennett, R. 2012. "the stupefying smart city." LSE and Alfred Herrhausen Society. 2012.
    Urban Age Electric City Conference. London. 6~7 December 2012. Organised by
    LSE CITIES at the London School of Economics and Deutsche Bank's Alfred
    Herrhausen Society.
Shelton, T. 2017. "RE-POLITICIZING DATA" in Joe Shaw & Mark Graham(eds). *OUR
    DIGITAL RIGHT TO THE CITY*. Meatspace Press
Söderström, O., T. Paasche and F. Klauser. 2014. "Smart cities as corporate storytelling."
    City: analysis of urban trends, culture, theory, policy, action, Vol. 18, No. 3,
    pp.307~320.
The Editorial Team of The Place Brand Observer. 2018. "Smart Cities and Place Branding:

Which are the Opportunities and Challenges?" 29 August 2018. https://placebrand
observer.com/smart-cities-place-branding-opportunities-challenges/

Tufekci, Z. 2014. "Engineering the public: Big data, surveillance and computational
politics." *First Monday,* Vol.19, No.7. https://firstmonday.org/ojs/index.php/fm/
article /view/4901/4097

United Nations. 2015. *HABITAT III ISSUE PAPERS 21 – SMART CITIES.* New York. 31 May.

United Nations. 2017. *New Urban Agenda.* HABITAT III United nations Conference on
Housing and Sustainable Urban Development, Quito, 17-20 October, pp. 1.

Waal, M. 2014. *The City as Interface, How Digital Media are Changing the City.* nai010
publishers.

2장
스마트 도시에 대한 비판적 이해*

박준·유승호

    스마트 도시는 기존 도시에 관한 여러 담론들을 흡수하면서 확장하는 양상을 보이고 있다. 스마트 도시는 하나의 뚜렷한 도시모형을 지칭하기보다는 도시개발, 도시재생, 기후변화, 참여 도시 등을 아우르고 최근에는 '지속가능하고 포용적인 발전'(Ministry of Urban Development, Government of India. 2015: 5)과 같은 함의까지 포함하게 되면서 마치 용광로처럼 관련 논의들을 녹여내고 있다.

    학계뿐 아니라 세계 여러 나라의 중앙정부와 대도시들도 미래 도시비전 수립과 경제발전 및 산업육성을 위해 경쟁적으로 스마트 도시를 위한 계획과 정책들을 쏟아내고 있다. 전 세계적으로 수십 개의 스마트 도시가 조성될 것으로 알려져 있는 가운데, 인도와 중국도 정부가 적극적으로 나서면서 스마트 도시 건설을 위한 계획을 발표했다. 인도는 100여 개의 스마트 도시를 계획했으며(Tolan, 2014; 김용식, 2016), 중국에서는 200여 개의 스마트시티

* 이 장은 박준·유승호, 「스마트시티의 함의에 대한 비판적 이해: 정보통신기술, 거버넌스, 지속가능성, 도시개발 측면을 중심으로」, ≪공간과 사회≫, 59(2017), 128~155쪽을 수정하여 실은 것입니다.

프로젝트가 추진되고 있으며, 그 숫자는 계속 증가하고 있다(Yang, Lee, & Zhang, 2021). 한국에서도 1990년대 유행했던 유비쿼터스 시티(Ubiquitous City: U-City)라는 정보통신기술(Information and Communications Techno-logy: ICT)을 도시건설에 접목시키려는 정책과 사업이 현재 스마트 도시 정책으로 상당 부분 이어졌다.[1] 2016년 국토교통부, 미래창조과학부, 산업통상자원부 등 관련 부처는 공조를 통해 스마트 도시를 주력 수출상품으로 지정하고 '스마트시티 추진단(기존 '스마트시티 수출추진단')'이라는 전담팀을 만들어 관련 논의를 주도하고 있으며, U-City법(유비쿼터스도시의 건설 등에 관한 법률)을 스마트 도시법(스마트 도시 조성 및 산업진흥 등에 관한 법률)으로 개정하고 대상 도시를 신도시에 더해 기존 시가지를 포함하는 방향으로 전환하는 등 스마트 도시 추세에 발맞추었다.

스마트 도시가 확장된 계기는 IBM을 필두로(IBM, 2010) 시스코(Cisco), 지멘스(Siemens), 히타치(Hitachi), GE, 오라클(Oracle) 등 굴지의 글로벌 IT 업체들이 스마트 도시의 시장성을 보고 시장 선점을 위해 정보통신기술 솔루션을 적용한 플랫폼 기반의 스마트 도시 상품들을 발굴하고 추진하면서라고 볼 수 있다. 한국에서도 한국토지주택공사, 정보통신 관련 업체, 건설업체들도 속속 스마트시티를 중심으로 사업 확장 논의를 진행 중이다.

이 글은 이렇게 스마트 도시 개념이 세계적으로 확장되는 과정에서 주목받고 있는 스마트 도시의 네 가지 주요 흐름인 정보통신기술, 거버넌스, 지속가능성, 도시개발을 중심으로 스마트 도시를 둘러싼 논의를 포괄적으로 검토하고 함의를 도출하고자 한다.

---

1 유비쿼터스도시의 계획 및 건설 등의 지원에 관한 법률이 2008년 공포되고, 법률을 지원하기 위한 통합적 5개년 계획이 2008년과 2013년 만들어졌다.

1. 스마트 도시 개념의 확장

스마트 도시 개념이 세계의 많은 국가와 도시에서 관심 속에 추진되는 근본적 이유 중 하나는 도시인구의 지속적인 증가와 관련 있다. UN의 보고서에 따르면, 2030년까지 50억 명의 인구가 도시에서 거주하게 될 것이고, 2050년에는 65억 명에 이를 것으로 예상된다(United Nations, 2014). 도시인구의 증가로 자원의 배분 및 운영, 교통, 주거 등의 물리적 도시기반시설과 교육 및 의료 등과 같은 도시 서비스에 대한 압력이 커질 것으로 예측되는 상황은 한정된 자원으로 도시를 보다 효율적으로 관리하는 방안을 요구하고 있다. 스마트 도시에 대한 개념 설정과 구체적인 적용 사례가 많지 않음에도 불구하고, 기존 도시 운영시스템 개선에 대한 요구와 미래에 대한 불확실성이 증가하면서 첨단 기술기반의 스마트 도시가 도시의 문제점들을 모두 해결해 줄 것이라는 막연한 기대가 증폭되고 있는 것도 주요한 이유이다.

사실 스마트 도시 이전에도 가상 도시(virtual city), 인텔리전트 도시(intelligent city), 디지털 도시(digital city), 유비쿼터스 도시(ubiquitous city)와 같이 첨단기술 기반의 도시모형들이 지속적으로 논의되어 왔다. 이들 개념은 적용 범위와 특성에 따라서 각기 다른 의미를 지니고 있지만, 일반적으로 하향식에 민간 영역이 주도하는 방식으로 발전되어 왔다. 또한, 스마트 도시 이전의 개념들은 특정 분야에 초점이 맞추어져 있거나, 도시의 다양한 영역을 포함하는 데 한계가 있었던 반면(표 2-1 참조), 스마트 도시는 이들이 다루었던 영역들을 포함하면서 더욱 포괄적인 영역으로 발전되고 있다(Albino, Berardi, and Dangelico, 2015).

한편, 스마트 도시의 논의가 지나치게 기술중심의 도시시스템으로만 진행되는 것에 대한 비판과 함께, 그동안 경시되었던 정책 결정 과정에서의 시민 참여, 커뮤니티 활성화, 도시 운영의 거버넌스, 사회적 자본 구축, 투명한

<표 2-1> 스마트 도시와 유사 도시 개념 비교

도시개념	저자	정의
디지털 도시 (digital cIty)	Couclelis (2004)	- 통합적인 웹 네트워크를 통해서 도시의 사회적·문화적·정 치적·이데올로기적·이론적 영역이 발전하는 영역
	Ishida (2002)	- 정부, 시민, 기업의 요구를 충족시켜 주기 위해서 인터넷 기반시설로 연결된 커뮤니티
	Schuler (2002)	- 지역 주민 및 커뮤니티의 공식적-비공식적 정보를 수집하 면서, 이들의 요구를 해결해 주는 디지털 환경
인텔리전트 도시 (intelligent city)	Komninos (2006)	- 높은 수준의 교육 및 혁신이 발생하는 영역으로서 디지털 기반시설을 바탕으로 통신과 지식이 관리되는 환경
	Komninos (2002)	- 디지털 환경과 정보화 사회 적용 기기들을 결합해서 만들 어내는 창조혁신 과정
지식 도시 (knowledge city)	Ergazakis, Metaxiotis & Psarras(2004)	- 통신기술과 네트워크를 기반으로 시민들 간에 지속적인 지식 창조와 정보 공유가 발생하는 도시
	Edvinsson (2006)	- 지식 창조와 육성을 장려하는 도시
유비쿼터스 도시 (ubiquitous city)	Anthopoulos & Fitsilis(2010)	- 디지털시티 개념의 확장 - 모바일 기술이 보편화된 도시나 영역
	Greenfield (2006)	- 모든 도시 요소에 유비쿼터스 기술이 도입된 장소
가상 도시 (virtual city)	Schuler (2002)	- 디지털 기술을 이용한 도시환경의 재현
와이어드 도시 (wired city)	Hollands(2008)	- 케이블의 연결을 통한 도시조직의 연결.
	Duttion, Blumler & Kraemer(1999)	- 가정과 직장에서 전자통신시설의 사용이 가능한 환경 - 도시 내 가정과 직장의 전화선 및 전기케이블의 연결을 통 해서 만들어 낼 수 있는 통합적인 시스템

주: Cocchia, 2014: 19, Table2를 재구성.

정보 공개 등이 스마트 도시 논의에서 주요 쟁점으로 등장했다. 정책결정 과정에서의 시민과 다양한 커뮤니티의 참여는 더 많은 의견을 수렴하고, 효과적인 대안 수립을 위해서 현대 도시계획 이론에서 중요하게 간주되어 왔는데(Pereira and Quintana, 2002), 정보통신기술의 발달은 참여자들 간의 편리한 소통과 투명한 결정 과정을 제공해서 양적, 질적으로 높은 수준의 시민 참여기회를 가능하게 한다는 것이다. 이 과정에서 스마트 도시의 주요 목적이 국제 경쟁력, 지속가능성의 증진뿐 아니라, 시민으로의 권한 이양을 보장하며, 삶의 질을 향상하는 것이라는 주장이 대두되었다(Komninos, Schaffers, and Pallot, 2011). 이들의 주장은 시민들의 문화, 사회적 참여, 인적 자본, 복지체계 등의 뒷받침 없는 기술시스템의 도입만으로는 진정한 의미의 스마트 도시가 될 수 없다는 주장으로까지 이어지기도 했다(Toppeta, 2010; Caragliu, Bo, and Nijkamp, 2011).

스마트 도시 관련 논의가 전 세계적으로 확장되고 있는 데에는 이에 대한 비판의 목소리가 역설적으로 큰 역할을 하고 있기도 하다. 우선 시민들의 안전과 편리한 생활을 위해서 이용되어야 하는 센서, 네트워크, 관리시스템이 시민들을 감시하는 수단이 되고 있다는 비판이 있다. 또 하나의 비판의 축은 막대한 노력과 투자를 통해서 만들어진 스마트 도시가 결국 글로벌 IT 기업들과 대형 부동산 개발의 이윤 추구의 장이 되고 있다는 것이다. 도시 서비스의 개선과 쾌적한 도시환경 건설을 내세운 스마트 도시들이 부유한 계층만을 위한 도시나 부동산 투자를 위한 쇼케이스로만 기능하고 있는 사례들이 있다.

한편, 정보통신기술 기반의 도시문제 해결에서 시작한 스마트 도시 논의가 전폭적으로 확장하게 된 것은 기존의 거대한 도시 담론인 지속가능한 도시 담론을 흡수한 영향이 크다고 볼 수 있다. 모이어, 무넨, 클라크(Moir, Moonen, and Clark, 2014)의 연구에서는 스마트 도시의 개념이 확장되면서 그 영향력이 커져왔음에 주목하는데, 이들의 주장에 따르면 스마트 도시는 2000년대 초까지 가장 많이 연구된 지속가능한 도시(sustainable city) 담론, 에코 시티(eco city) 담론을 2000년대 후반부터 흡수하고 대체하면서 성장했다.

마지막으로 스마트 도시 확장은 개발도상국의 지대한 관심과 떼어서 생각하기 어렵다. 스마트 도시는 최근 인도, 중국, 브라질 및 여러 개발도상국의 도시개발에 적용되면서 그 논의의 폭이 더욱 확장되었다. 즉, 급격한 도시화 진전 과정에 대응한 계획적 도시개발에도 스마트 도시의 이름이 이용되면서 그 의미가 더욱 확대되어 스마트 도시 논의의 국제적 확장을 주도하는 또 하나의 동력이 되고 있다.

2. 정보통신기술을 활용한 도시문제 해결수단으로서의 스마트 도시

다중적인 의미를 포함하고 있는 스마트 도시는 적용되는 국가 및 도시별로 다른 의미를 지니면서 발전하고 있지만(Hollands, 2008), 스마트 도시 개념의 시작은 정보통신기술을 포함한 디지털 기술과 네트워크 그리고 이들이 생산해 내는 데이터라고 볼 수 있다. 무선통신, 실시간 정보수집 및 대응, 사물 인터넷(Internet of Things: IoT), 개별기술의 통합적 관리는 지금까지의 도시에서는 가능하지 못했던 새로운 가능성을 만들어내고 있다. 디지털 기기의 사용, 인터넷 네트워크 등 스마트 기술들은 지속해서 연구되어 온 분야였지만, 각기 독립적으로 발전되어 온 이들이 서로 연결되고 통합되면서 다양한 층위에서 새로운 혁신과 서비스가 이루어지고 있다(Buck and While, 2017).

정보통신기술을 활용한 도시문제 해결의 대표적 사례는 지능형 교통제어시스템 및 방재 분야다. 도로시설물에 설치한 CCTV 등의 각종 센서를 통해 수집되는 정보는 현재 교통상황의 파악과 실시간 교통정보 송출 및 향후 교통 용량 확장 계획 등에 활용된다. 한편 교통사고, 화재, 수해 등의 정보를 실시간으로 파악하여 대응 방안을 도출하는 체계 역시 정보통신기술을 활용한 스마트 도시의 대표적 사례이다. 서울시의 교통정보시스템(TOPIS)이나 파주신도시 및 송도신도시의 통합운영센터 등은 이러한 정보통신 기반 스마트 도시 관제센터로 잘 알려져 있다. 한편, 정보통신기술은 계측 등과 연계되어 도시 에너지 부분, 원격 진료를 통한 보건 부분, BIM(Building Information Modelling)을 활용한 건축 부분으로도 확장되어 왔다.

스마트 도시에 적용되는 이들 기기와 시스템들은 도시의 이용자였던 시민들을 도시 운영과 변화를 실시간으로 만들어내는 도시 데이터의 생산자이자 이에 반응하는 주체로 만드는 가능성을 보여주었다. 이러한 도시시스템의 변화는 기존 도시에서 운영되었던 하향식 행정에서 벗어나, 정책결정 과정에 시민들이 적극적으로 참여할 수 있게 될 것으로 기대되었다. 하지만 스마트 도시에 적용될 것으로 소개되었던 기술의 상당 부분이 기술개발 지연 및 취소되면서 도입이 불가능해졌고(The Economist, 2013), 이를 통한 시민들의 참여도 기대했던 수준에 이르지는 못하는 경우가 많았다.

시민들이 일상생활에서 체험할 수 있는 스마트 도시 기술들은 다른 이름으로 등장했던 기존 기술에 비해 그다지 새롭지 않으며, 적용되는 도시의 특성과 요구를 제대로 담아내지 못한다는 비판도 있다. 스마트 도시의 대표적인 사업으로 퍼지고 있는 도시 대시보드(City Dashboard)는 도시의 경제, 교통, 자연환경, 안전 상황을 한눈에 파악할 수 있도록 만들어진 일종의 전자 상황판이다. 서울뿐 아니라 런던,[2] 더블린,[3] 시드니[4] 등의 도시에서 운영되고 있는 도시 대시보드는 도시에 대한 정보를 실시간으로 파악할 수 있고, 이러한 내용을 시민들에게 직접 제공한다는 측면에서 도입 당시 많은 관심을 불러일으켰다. 그러나 도시별로 대시보드 정보 구성에 차별성이 없고, 해당 사이트에 직접 접속하지 않는 한 관련 정보를 확인할 수 없는 제한이 있

---

[2] http://citydashboard.org/london/
[3] http://www.dublindashboard.ie/pages/index
[4] http://citydashboard.be.unsw.edu.au/

다. 또한, 이들 대시보드는 객관적인 정보의 제공에 집중되어 있는데, 이러한 객관적 정보가 이를 취득한 시민의 행동 양상 변화나 전체 도시 흐름의 변화로 이어질 수 있을지는 아직 증명되지 않고 있다. 이러한 도시 대시보드의 문제점들은 스마트 도시 기술과 시스템이 도시에서 발생하는 데이터를 통해서 복합적인 도시 문제를 해결하고 도시공간의 가치를 증진하기에는 아직 부족한 것으로 이해될 수 있다.

또 하나의 쟁점은 구축비용이다. 스마트 센서, 네트워크 통신망, 데이터 통합센터의 설치와 운영에는 상당한 비용이 소요되기 때문에, 정보통신기술을 활용한 스마트 기반시설들은 도시 기반시설의 고비용 문제로 귀결될 수 있다. 스마트 도시 통합관제센터의 운영비용 역시 상당하며 이를 감당할 수 있는 지방정부는 국내에서도 제한적일 수밖에 없다. 이미 건설된 소규모 도시통합운영센터도 운영비용을 두고 지방자치단체, 개발회사, 시민들 간의 분쟁이 이어지고 있어서 이에 대한 관심과 대안도 요구되고 있다. 따라서 정보통신기술 기반시설의 설치비용과 운영비용을 낮추는 것이 스마트 도시의 핵심 과제 중 하나가 될 수 있다.

3. 거버넌스 측면에서의 스마트 도시

정보통신기술의 발달은 현대 도시가 지니고 있는 복잡한 문제에 대한 효과적인 정보를 제공하면서, 시·공간적 한계를 넘어 많은 시민들이 정책 과정에 참여할 수 있게 해줄 것으로 받아들여졌다(Mitchell, 1999). 지난 수십 년 동안, 통신기기와 네트워크가 비약적으로 발전하면서 이들을 이용한 거버넌스의 구축과 시민 참여는 스마트 도시 이전의 도시 개념들에서도 많이 언급되며 주요하게 다루어졌다. 정보통신기술 간의 호환이 용이해지고 정부와 시민의 이들 기술의 활용에 대한 관심이 증가하고 있는 최근의 스마트 도시 환경은 앞선 시대보다 효과적인 거버넌스를 구축할 수 있는 가능성을 키우고 있다.

시민참여형 커뮤니티나 참여형 도시구조의 형성은 도시계획의 역사에서 중요하게 다루어져 왔으며, 지역별 경제적·사회적 특성을 떠나 보편적으로 의미 있는 주제로 받아들여졌다. 디킨(Deakin, 2014)은 정부 주도의 정책 결정 과정을 시민주도의 정책 결정으로 전환하는 것이 스마트 도시의 가장 중요한 덕목이라고 주장한다. 그는 자문단, 토론회, 시민참여예산, 시민청원 등의 방식을 이용해서 도시의 사회적 평등, 환경적 정의의 실천에 시민들이 적극적으로 개입할 것을 요구했다. 다양한 이해관계자들의 참여와 토의는 최종 결정에 대한 공감대를 확산시키고 책임 의식을 증진시키는 효과를 낳는 것으로 알려져 있다(World Bank, 1996). 홀랜즈(Hollands, 2008)는 스마트 도시는 정보통신기술에서 시작되는 것이 아니라 인적자본(human capital)에서 시작되는 것이라고 주장했으며, 남과 파르도(Nam and Pardo, 2011)는 스마트 도시의 가장 중요한 구성 요소로서 기술과 시민을 언급하고, 거버넌스 운영체계로서 협력체(institution)의 중요성을 강조한다. 키친(Kitchin, 2014)은 스마트 도시에서 가장 필요한 것은 스마트 기술을 이용해서 시민들의 요구를 더 적극적으로 받아들일 수 있는 시스템과 시민들을 더 많은 정부정책 결정 과정으로 끌어들이는 것에 있다고 주장한다. 이러한 주장들은 스마트 도시가 첨단기기들의 집합과 복잡한 네트워크의 결합체이기도 하지만, 시민들이 일상생활을 영위해 나가는 장소로서 지녀야 하는 공통체적 가치의 유지와 발전이 중요하다는 것을 보여준다. 이들은 자본이 있다면 기술은 언제든지 도입될 수 있지만, 시민과 사회적 자본으로서 거버넌스가 이들을 받아줄 수 없다면 도시공간의 변화와 삶의 질은 개선되기 어렵다고 보았다.

거버넌스 측면에서 스마트 도시의 기초는 정보를 투명하게 공개하는 것이다. 정보통신의 발전과 시민의 상향식 정책 참여에 대한 의지를 가진 지자체 등을 중심으로 정보공개의 투명성은 상당히 확보되어 가고 있다.

스마트 도시에서 간과될 수 있는 부분은 이른바 정보통신기술에 대한 접근성이 떨어지는 계층이다. 전자문서 등을 통한 정보공개 및 스마트 도시 청사진에서 제시하는 전자투표 등의 주요한 의사 결정 과정에 기술적 접근성의 문제로 소외될 수 있는 계층을 포괄할 수 있는 보완책에 대한 고민이 필요하다.

4. 지속가능한 도시로서의 스마트 도시

스마트 도시 논의의 대두 이전 압축 도시(compact city), 지속가능한 도시(sustainable city), 환경 도시(eco city), 녹색 도시(green city), 저탄소 도시(low carbon city) 등 다양한 이름으로 환경 및 에너지 차원에서 지속가능한 도시 발전에 대한 논의5가 선진국을 중심으로 진행되어 왔다. 하지만 정보통신기술을 활용한 효율적 도시 문제 해결에서 시작된 스마트 도시 논의가 '스마트'라는 단어가 가지는 일반성과 확장성 덕분에 기존에 진행되어 온 지속가능한 도시 관련 논의를 흡수하고 있는 양상을 보이고 있다. 모이어, 무넨, 클라크(Moir, Moonen, and Clark, 2014)의 연구에 따르면 도시의 환경문제가 이슈가 되기 시작했던 1990년대와 2000년대 초에는 환경 도시와 지속가능한 도시 관련 논의가 소위 미래 도시(future cities) 논의의 대부분을 차지했으나 2000년대 중반 이후에는 스마트 도시 관련 논의로 대체되고 있다.

---

5   OECD Green Growth Studies(2012)의 *Compact City Policies: A Comparative Assessment*에서는 녹색 도시, 압축 도시, 지속가능성의 개념을 서로 연관 지어 논의하고 있다.

홀랜즈(Hollands, 2008) 역시 스마트 도시에 포함되어 있는 여러 가지 논의 중에 사회적 환경적 지속가능성(social and environmental sustainability)이 큰 부분을 차지하고 있다고 지적하고 있다. 예컨대 호주의 브리즈번(Brisbane) 이나 캐나다 오타와(Ottawa)와 같이(Hollands, 2008: 313) 세계 각국 도시 정부에서 추구하는 환경적 지속가능성 목표로 해당 도시를 홍보함에 있어 스마트 도시라는 이름을 사용하고 있다는 것이다. 이는 단순히 도시브랜드나 도시정책 홍보 차원을 넘어, 도시 성장 관리와 지속가능한 도시를 위한 정책 전반을 아우르는 개념이 되고 있다(Polese and Stren, 2000; Chourabi et al., 2012).

사회적·환경적 지속가능한 도시의 지향성을 스마트 도시 논의가 흡수하고 있는 또 다른 이유는 이른바 스마트 성장(smart growth) 논의의 영향도 있다(Nam and Pardo, 2011: 286). 스마트 성장 논의는 북미에서 자동차 교통수단과 단독주택 중심의 교외개발로 특징되는 무분별한 교외 확장(urban sprawl)에 대비되는 계획적 환경적 도시개발 논의로 1990년대 활발한 논의가 있어 왔으나, 이 역시 최근 스마트 도시 논의로 포함되는 추세이다. 유럽에서도 친환경 저탄소 도시구조 건설 측면에서 개념이 발전되어 온 환경 도시(eco city)나 스마트 성장과 비슷한 논의인 압축 도시(compact city)가 현재 스마트 도시 논의로 수렴되는 경향을 보인다.6

한국에서 이와 관련된 논의의 중심은 녹색 도시가 주도해 왔었다. 한국의 녹색 도시 모델은 네트워크화 된 스마트 기술(networked smart technologies)과 환경친화적 기술(eco friendly technologies)을 동반해 왔다(Mullins and Shwayri, 2016). 이러한 특징은 정보통신기술을 포함한 다양한 기술의 발전

---

6   장환영·이재용(2015)이 수행한 세계 지역별 스마트 도시 구축동향 연구에 따르면 북미권 스마트 도시 구축 사례의 절반 이상이 환경(46%)에 관한 것이며, 유럽권 스마트 도시 구축 사례 중에서는 환경(39%)이 가장 높은 비중을 차지하는 것으로 나타났다.

이 건물 에너지 사용 저감, 이산화탄소 배출 감소 등을 통해 도시를 보다 환경적 차원에서 개선할 수 있다는 믿음에 근거한다. 세계적으로도 지속가능한 도시환경을 위한 개념으로 제시되어 왔던 녹색 도시나 환경 도시(UNEP, 2012)는 국가와 관련 조직들이 처한 맥락과 정책적 목표와 특성에 따라서 조금씩 다르게 이해되어 왔으나, 최근에는 효율적인 첨단기술을 통한 녹색 도시의 조성과 기술의 산업화를 통해서 녹색 성장(green growth)을 동반하는 것이 도시의 지속가능성과 친환경 특성을 높이는 것으로 받아들여지고 있다 (Joss, Cowley, and Tomozeiu, 2013). 이러한 녹색 도시 논의 역시 현재 스마트 녹색 도시(곽윤건·최윤·김성아, 2012; 황종성, 2016; 송지성, 2016; 왕광익·노경식, 2016 등) 등의 용어로 변형되면서 스마트 도시 논의로 흡수되어 가고 있다.

지속가능한 도시로서 스마트 도시의 주요한 영역은 도시계획, 도시설계, 건축, 교통 등이다.7 이들 각 분야에서 어떻게 탄소 배출을 줄이고 에너지 소모를 줄이며 친환경적 도시를 만들어나갈 것인지가 지속가능한 도시로서의 스마트 도시의 핵심 사항이라 할 수 있다.

구체적으로, 도시계획 차원에서 스마트 도시 요소는 직주근접의 토지이용을 통한 낭비 교통 감소, 고용 중심지의 적절한 분산을 통한 교통체증 해소 및 통근시간 감축, 대중교통 지향형 개발(Transit Oriented Development, TOD)을 통한 낭비교통 감소와 통근시간 감축, 그린 및 블루 네트워크 구축을 통한 친환경 녹지 네트워크 및 교통수단 강화 등이 있다. 도시설계 차원에서 스마트 도시 요소로는 대기시간 감소로 탄소 발생을 줄일 수 있는 교차

7　매년 10대 스마트 도시를 발표하는 패스트컴퍼니(Fast Company)의 운영자로서 스마트 도시 논의를 주도하는 인물 중 하나인 보이드 코언(Boyd Cohen)은 스마트 도시 지표(smart city wheel)를 제시하고 이 기준에 맞추어 세계 스마트 도시(smart cities on the planet) 순위를 발표하고 있다. 이 지표에는 인구, 경제, 환경, 거버넌스, 주거, 교통의 6개 대분류가 있으며 그중 도시 관련으로는 녹색 빌딩, 녹색 에너지, 녹색 설계, 다중교통 접근성, 청정·비동력 대안 우대 등의 하위분류가 제시되고 있다.

로 설계, 적정 규모 단지 설계를 통한 낭비 교통 감소, 보행 및 자전거 친화적 도시설계, 물순환시스템 구축 등이 있다. 건축 차원에서는 태양광 발전을 활용한 설계, 건물부지 내 물순환시스템 구축, 저탄소 자재 활용, 열효율 높은 자재 활용 등이 있다. 교통 차원에서는 차량 위주에서 대중교통으로의 전환을 통한 탄소저감, 자전거 네트워크 강화, 교통수단 간 환승 네트워크 강화 등이 있다.

하지만 이러한 지속가능한 도시로서의 스마트 도시 논의가 개발도상국에 바로 적용 가능할 것인가에 대한 의문이 있다. 즉, 저탄소 자재 및 기술, 도시계획 등은 기본 인프라가 이미 구축된 선진국 도시에는 적합한 논의가 될 수 있으나, 당장 급속하게 진행되고 있는 도시 문제를 해소해 나가야 하는 개발도상국에는 시기상조이거나 때로는 적합하지 않을 수도 있다는 것이다 (강명구·이창수, 2015). 예컨대 저탄소 건축자재는 개발도상국에게는 건설비용을 높여 지불가능성(affordability)을 떨어뜨리는 요인이 될 뿐이며, 태양광 발전보다는 석탄화력 발전이 도시에너지원으로 더욱 적합할 수 있다. 이것은 마치 기후변화 협약에서 선진국과 개발도상국 사이의 이해충돌과 같은 맥락이기도 하다. 그러나 해수면 상승과 빈번해지는 태풍 및 집중호우 등 기후변화의 영향에 가장 취약한 도시들 중 많은 도시들이 개발도상국의 도시들이며 그중에서도 특히 저소득층이 가장 큰 타격을 받는 점을 고려할 때 (UN ESCAP, 2013) 개발도상국에서도 지속가능한 도시로서의 스마트 도시는 여전히 중요한 함의를 가지고 있다고 할 수 있다.

5. 계획적 도시개발로서의 스마트 도시

개발도상국 단계에서는 산업화의 진행과 함께 농촌인구가 도시로 이동하면서 급속한 도시화8를 겪게 된다. 1800년대 세계 전체 인구의 3%에 불과하던 도시인구는 2008년 50%를 초과했으며 2050년에는 66%에 이르고 도시인구만 64억 명에 이를 것으로 전망되고 있다(UN, 2015). 20세기의 도시인구 증가가 서구 선진국들에 의해 주도되었다면 향후 도시인구의 증가는 현재 개발도상국이 주도하고 있다.

하지만 현재 개발도상국에서 폭발적으로 진행되고 있는 도시화의 문제점은 그것이 적절한 기반시설 없이 도시지역에 거주하는 인구만 늘어나게 되는 소위 가도시화(pseudo urbanisation) 양상으로 진행되고 있다는 점이다. 상하수도 및 도로 등 도시기반시설 부족과 주택 부족이 겹쳐 개발도상국의 도시지역에 광범위한 슬럼화가 진행되고 있다(Bredenoord and van Lindert, 2010). 레비와 로젠츠바이크(Revi & Rosenzweig, 2013)의 보고서에서 지적되었듯이 급속한 도시화는 슬럼 거주민의 삶의 질 저하를 비롯하여 극도의 도시 빈곤, 부적절한 도시기반시설로 인한 생산성 감소, 기후변화로 인한 자연재해 위험성 증대와 같은 추가적 문제로 이어진다.

개발도상국 당국과 여러 국제기구에서는 이러한 급속한 도시화에 대응하기 위해 여러 정책 방안을 내놓고 있는데, 그 방안 중 하나인 계획적 도시개발을 통한 도시기반시설의 공급과 이를 통한 경제활성화 전략이 최근에는 스마트 도시라는 외연을 두르고 나타나고 있다.9

최근 100개의 스마트 도시를 건설하겠다고 발표하며 세계 스마트 도시 논의를 주도하고 있는 인도 당국의 스마트 도시에 대한 이해는 인도 도시개발부(Ministry of Urban Development, Government of India)의 스마트 도시 가이드라인(Ministry of Urban Development, Government of India, 2015)에 잘 정

---

8   전체 인구 중 도시지역에 거주하는 인구의 비율.
9   장환영·이재용(2015)이 수행한 세계 지역별 스마트 도시 구축동향 연구에 따르면 아프리카 지역 스마트 도시 구축 사례의 약 80%가 경제와 인프라인 것으로 나타났다.

리되어 있다. 인도 스마트 도시 가이드라인에서는 정보통신기술의 도시기반시설 구축을 포함한 신규 택지 공급 및 도시재개발에 초점이 맞춰져 있어 계획적 신도시개발 및 도시재개발과의 차이점이 없어 보인다. 이것은 김용식(2016)이 지적했듯이 인도 당국이 이해하는 스마트 도시는 '삶의 질을 제고할 수 있는 핵심 인프라 설비를 갖춘 도시'를 의미하기 때문이다. 해당 가이드라인에는 전력, 가스, 도로, 상하수도, 폐기물 처리 등 기본적 도시기반시설이 강조되는 한편 공급되는 주택의 일정 비율을 공공임대주택으로 규정하는 등 저렴한 주택 공급 항목을 통해 지불가능성(affordability) 이슈를 강조하고 있기도 하다. 인도의 사례는 개발도상국 스마트 도시 논의의 핵심인 기본 도시기반시설의 구축과 이를 통한 경제활성화가 담겨 있다.

중국의 경우에도 2012년부터 본격화해 온 신형도시화(新型城鎭化) 전략에서 대대적인 도시개발을 통해 도시 농민공 문제 해결과 내수 강화 경제발전 전략을 내놓은 바 있다.[10] 이는 급격한 도시화 과정을 겪고 있는 대다수의 개발도상국 도시에서 채택하고 있는 가도시화 문제의 해결과 도시개발을 통한 경제발전 전략과 같은 맥락에 놓여 있다. 이러한 신형도시화 전략은 지혜성시(智慧城市), 즉 스마트 도시 논의와 결합되어 확장되고 있다. 중국은 신형도시화 전략의 일환으로 2013년 193개 지역을 스마트 도시 시범도시로 선정하고 이를 확장하고 있다(유정원, 2016).

개발도상국의 계획적 도시기반시설 공급 차원의 스마트 도시 건설을 추진할 때, 스마트 도시 초기 핵심 요소인 정보통신기술의 공급 및 활용에 있어서 고려해야 할 지점이 있다. 그것은 개발도상국 해당 지역의 지불가능성(affordability)이다. 정보통신기술이 접목된 도시기반시설의 경우 택지 및 이를 기반으로 공급되는 주택의 공급가격이 높아져 향후 개발도상국 내의 수

---

10 박장재(2015) 및 유정원(2016) 참고.

요가 뒷받침되지 못할 수 있다. 중국과 인도의 주요 도시들을 제외하고 개발도상국에 건설될 신규 도시의 경우, 공급비용이 올라간 도시용 토지 및 주택에 대한 수요가 충분히 있을지는 의문이다. 요컨대 비싼 기반시설로 건설된 도시의 주택에 거주할 수 있는 개발도상국 주민이 얼마나 될 수 있느냐는 것인데, 수십만 명을 수용하는 도시개발 차원에서 간과하기 어려운 부분이다.

공공 주도의 택지개발에서 발생하는 개발이익을 활용하여 저렴한 택지, 공공임대주택, 충분한 도시공용시설(공원, 도로, 학교용지 등)로 공급할 수 있었던 한국의 사례가 토지 기반의 재원조달(land based finance) 측면에서 개발도상국 스마트 도시에 주는 시사점은 크다. 개발도상국 입장에서는 토지수용, 감정평가시스템, 토지정보등록, 주택청약, 분양가상한제, 택지조성원가 관리 등을 비롯한 관련 법규 등 도시개발 관련 시스템 전반에 걸친 비판적 벤치마킹이 필요하다고 할 수 있다. 스마트 도시 논의에서 간과될 수 있는 부분이나 개발도상국의 스마트 도시에 있어서 토지가격 상승 메커니즘을 활용한 도시개발 과정에서의 제도와 금융은 중요하게 고려할 부분이다.

6. 결론

스마트 도시 논의는 2000년대 들어 정보통신기술을 바탕으로 효율적인 도시관리와 더 나은 도시환경을 만들기 위한 노력의 일환으로 본격화되었지만 현재 스마트 도시가 지니는 함의는 그보다 훨씬 더 확장되었다. '스마트' 용어가 가지는 일반성과 확장성 덕분에 스마트 도시는 정보통신기술과 접목된 거버넌스 등 도시행정과 커뮤니티 논의 차원으로 확장되었다. 나아가 스마트 도시는 기존의 도시의 지속가능성 논의를 흡수하고 있는 한편, 단기간에 필수적 도시기반시설을 갖추고자 하는 개발도상국의 욕망과도 연결되어 그 영역이 더욱 확장되고 있다. 이 글에서는 이렇게 초기보다 더욱 확장된 스마트 도시의 현재적 의미를 정보통신기술, 거버넌스, 지속가능성, 계획적 도시개발의 측면에서 비판적으로 검토했다.

중앙 및 지방정부, 그리고 여러 기업들은 스마트 도시의 불분명한 정의와 영역을 자신들의 의도에 맞게 변형, 가공시켜서 사용해 왔다. 그러나 그 과정 속에서 삶의 질 제고와 사회발전 기제로서의 가능성은 축소되는 한편, 스마트 도시는 어느새 고부가가치 도시개발의 그럴듯한 포장지로 상품화되어 가고 있다. 이러한 상업적이고 기능적인 접근은 경제적 불평등의 확장이나 사회 감시체제로서의 운영 등과 같은 스마트 도시의 부정적 이면의 부각으로 이어지고 있기도 하다.

스마트 도시 관련 보고서 서두에는 으레 세계 도시화율의 가파른 증가와 이것이 스마트 도시 수요의 증가와 관련 시장 확대로 이어질 것이라는 내용이 담겨 있다. 도시화의 급속한 진전이 주로 개발도상국 주도로 진행되고 있음을 감안할 때, 이들 행간에는 스마트 도시를 개발도상국 시장 진출에 활용하겠다는 의도가 보인다. 하지만 과연 정보통신기술이 접목된 최첨단 도시 건설 정도로 한정된, 값비싼 스마트 도시가 이들에게 설득력 있게 다가갈지는 의문이다.

스마트 도시 논의를 개발도상국과 함께 공유하고 발전시키려면 폭발적인 도시인구 증가와 도시기반시설 부족에 대응해 왔던 도시개발 과정에서의 경험과 사회적 환경적으로 지속가능한 도시에 대한 현재의 고민을 발전적으로 공유하는 것에 초점을 맞춘 접근이 필요하다. 개발도상국의 재정 형편을 감안하여 스마트 도시가 값비싼 도시기반시설을 넘어선 지불가능성을 고려한 도시기반시설 공급과 미래지향적인 지속가능성 담보에 초점을 맞출 때 스마트 도시는 일방적인 상품 홍보 차원을 넘어설 수 있을 것이다.

참고문헌

강명구·이창수. 2015. 「스마트 도시 개념의 변화와 비교」. ≪한국지역개발학회지≫, 제27권 제4호.
곽윤건·최윤·김성아. 2012. 「EU의 사례연구를 통한 스마트 녹색 도시 디자인 전략」. 『2012 한국통신학회 학술대회논문집』.
김용식. 2016. 「인도 20개 도시 스마트시티 프로젝트 착수」. ≪CHINDIA Plus≫, 제114호.
박장재. 2015. 「중국 신형도시화의 경제적 함의」. ≪중국과 중국학≫ 제24호, 67~104쪽.
송지성. 2016. 「민간의 스마트 녹색 도시 산업진흥방안」. ≪국토≫ 9월호.
왕광익·노경식. 2016. 「신기후 변화체제에 따른 스마트 녹색 도시의 역할」. ≪국토≫ 9월호.
유정원. 2016. 「스마트 도시 건설의 중국적 함의 연구」. ≪중국지역연구≫, 제3권 제1호.
장환영·이재용. 2015. 「해외 스마트시티 구축동향과 시장 유형화」. ≪한국도시지리학회지≫, 제18권 제2호.
황종성. 2016. 「스마트 녹색 도시의 세계동향」. ≪국토≫ 9월호.

Albino, V., U. Berardi, and R. Dangelico. 2015. "Smart Cities: Definitions, Dimensions, Performance, and Initiatives." *Journal Of Urban Technology*, 22(1), pp. 3~21.
Anthopoulos, L. and P. Fitsilis. 2010. "From digital to ubiquitous cities: Defining a common architecture for urban development." 2010 Sixth International Conference on Intelligent Environments, pp. 301~306.
Bredenoord, J. and P. van Lindert. 2010. "Pro-poor housing policies: rethinking the potential of assisted self-help housing." *Habitat International*, 34(3), pp. 278~287.
Buck, T. N. and A. While. 2017. "Competitive urbanism and the limits to smart city innovation: The UK Future Cities initiative." *Urban Studies*, 54(2), pp. 501~519.
Caragliu, A., B. Bo, and P. Nijkamp. 2011. "Smart Cities in Europe." *Journal Of Urban Technology*, 18(2), pp. 65~82.
Chourabi, H., T. Nam, S. Walker, J. R. Gil-Garcia, S. Mellouli, K. Nahon, T. A. Pardo, and H. J. Scholl. 2012. "Understanding smart cities: An integrative framework." 45th Hawaii International Conference on System Science(HICSS), pp. 2289~2297.
Cocchia, A. 2014. "Smart and digital city: A systematic literature review." in *Smart city* (13 ~43). Springer International Publishing.
Couclelis, H. 2004. "The construction of the digital city." *Environment and Planning B: Planning and design*, 31(1), pp. 5~19.
Deakin, M. 2014. *Smart Cities: Governing, Modelling and Analysing the Transition*. Routledge.
Dutton, W. H., J. G. Blumler, and K. L. Kraemer. 1999. "Continuity and Change in Conceptions of the Wired City." In G. K. Roberts(ed.). *The American Cities and Technology Reader: Wilderness to Wired City*. London: Routledge, pp.280~288.

Edvinsson, L. 2006. "Aspects on the city as a knowledge tool." *Journal of knowledge management*, 10(5), pp. 6~13.

Ergazakis, M., M. Metaxiotis, & J. Psarras. 2004. "Towards knowledge cities: conceptual analysis and success stories." *Journal of Knowledge Management*, 8(5), pp. 5~15.

Gattoni, G. 2009. "A Case for the incremental housing process in sites-and-services programmes and comments on a new initiative in Guyana." Inter-American Development Bank, Department of international Capacity and Finance, Washington D.C.

Greenfield, A. 2006. "Everyware: The dawning age of ubiquitous computing." 1st ed. Berkeley, US: New Riders Publishing.

Greenfield, A. 2010. *Everyware: The dawning age of ubiquitous computing*. New Riders.

Hollands, R. G. 2008. "Will the real smart city please stand up? Intelligent, progressive or entrepreneurial?" *City*, 12(3), pp. 303~320.

IBM. 2010. *Smarter Cities Challenge*. IBM.

Ishida, T. 2002. "Digital city kyoto." *Communications of the ACM*, 45(7), pp. 76~81.

Joss, S., R. Cowley, and D. Tomozeiu. "2013. Towards the 'ubiquitous eco-city': an analysis of the internationalisation of eco-city policy and practice." *Urban Research & Practice*, 6(1), pp. 54~74.

Kitchin, R. 2014. "The real-time city? Big data and smart urbanism." *GeoJournal*, 79(1), pp. 1~14.

Komninos, N. 2002. *Intelligent cities: innovation, knowledge systems, and digital spaces*. Taylor & Francis.

_____. 2006. "The architecture of intelligent clities: Integrating human, collective and artificial intelligence to enhance knowledge and innovation." 2nd IET International Conference on Intelligent Environments (Vol. 1, pp. 13~20). IET.

Komninos, N., H. Schaffers, and M. Pallot. 2011. "Developing a policy roadmap for smart cities and the future internet." in: eChallenges e-2011 Conference Proceedings, IIMC International Information Management Corporation. IMC International Information Management Corporation.

Ministry of Urban Development, Government of India. 2015. *Smart Cities: Mission Statement & Guidelines*. Ministry of Urban Development.

Mitchell, W. 1999. *e-Topia: urban life, Jim but not as you know it*. MIT Press.

Moir E., T. Moonen, and G. Clark. 2014. What are Future Cities: Origins. Meanings and Uses. Government Office for Science. available at: www.gov.uk/government/collections/future-of-cities.

Mullins, P. D. and S. T. Shwayri. 2016. "Green Cities and "IT839": A New Paradigm for Economic Growth in South Korea." *Journal of Urban Technology*, 23(2), pp.47~64.

Nam, T., and TA. Pardo. 2011. "Conceptualizing smart city with dimensions of technology, people, and institutions." in The Proceedings of the 12th Annual International Conference on Digital Government Research. New York: ACM, pp.282~291.

OECD Green Growth Studies. 2012. *Compact City Policies: A Comparative Assessment.* OECD.

O'grady, M. and G. O'hare. 2012. "How smart is your city?" *Science*, 335(6076), pp.1581~1582.

Pereira, A. G. and S. C. Quintana. 2002. "From Technocratic to Participatory Decision Support Systems: Responding to the New Governance Initiatives." *Journal of Geographic Information and Decision Analysis*, 6(2), pp.95~107.

Polese, M. and R. Stren. 2000. *The Social Sustainability of Cities: Diversity and the Management of Change.* Toronto: University of Toronto Press.

Revi, A. and C. Resenzwieg. 2013. *The Urban Opportunity: Enabling Transformative and Sustainable Development.* the Sustainable Development Solutions Network.

Schuler, D. 2002. "Digital cities and digital citizens." in M. Tanabe, P. van den Besselaar, T. Ishida(Eds.). *Digital cities II: computational and sociological approaches*, LNCS, vol. 2362, (pp.71~85). Berlin: Springer.

The Economist. 2013. Starting from scratch. http://www.economist.com/news/briefing/21585003-building-city-future-costly-and-hard-starting-scratch, accessed 22, January, 2017.

Tolan, C. 2014. "Cities of the Future? Indian PM Pushes Plan for 100 'Smart Cities'," http://edition.cnn.com/2014/07/18/world/asia/india-modi-smart-cities/ accessed 22, January, 2017.

Toppeta, D. 2010. *The smart city vision: how innovation and ICT can build smart, "livable." sustainable cities.* The Innovation Knowledge Foundation. Think.

United Nations. 2014. *Concise Report on the World Population Situation in 2014.* United Nations.

_____. 2015. *World Urbanization Prospects: The 2015 Revision.* United Nations.

United Nations Environment Programme(UNEP). 2012. *Measuring progress towards a green economy.* United Nations.

UN ESCAP. 2013. *Building Resilience To Natural Disasters And Major Economic Crisis.*

World Bank. 1996. *The World Bank Participation Sourcebook.* The World Bank.

Yang, J., T. Y. Lee, and W. Zhang. 2021. "Smart cities in China: A brief overview." *IT Professional*, 23 (3), pp.89~94.

3장
스마트 도시개발의 참여자와 거버넌스

허정화

#1. 2000년대 초 "유비쿼터스 컴퓨팅(Ubiquitous Computing)"이란 키워드는 전 세계의 정보통신업계를 흥분시켰다. IBM, 시스코 등 글로벌 기업은 물론 SDS, LG CNS, KT와 SKT 등 국내 굴지의 IT 업체들은 관련 기술을 활용한 새로운 사업 모델 발굴을 위한 연구개발 활동에 박차를 가했다. 곧 이어 이들 회사들은 차례로 유비쿼터스 컴퓨팅 기술을 도시에 접목한 "U-City(유시티)"의 기본구상과 개념, 정의 등을 발표했고 유시티는 최근까지도 한국형 스마트시티의 대명사가 되었다. 이어 2003년 10월 파주신도시를 시작으로 2004년 3월 송도신도시(인천경제자유구역청) 등을 지자체 및 민간 개발사업자들을 대상으로 유시티 사업 모델 설명회를 진행하였다.

#2. 2005년 6월, 인천시 인천경제자유구역 송도지구에 위치한 한 임시 건물에선 MOU 행사가 진행되었다. 이는 미국 동부의 부동산개발업체인 게일(Gale)사와 포스코건설이 공동 출자한 송도국제업무지구 개발을 위한 시행사인 NSIC와 국내 IT기업인 LGCNS 사이에 송도유라이프사 설립을 위한 것이었다. 송도유라이프사는 송도국제업무지구 170여만 평(약 5.6km²)의 유

시티 개발 분야를 담당하는 특수목적법인이며, 대규모의 단지를 스마트시티로 개발하기 위하여 도시개발시행사와 정보통신업체 간에 체결된 세계 최초의 비즈니스협약이었다.

　　#3. 2006년, 인천경제자유구역청(IFEZ)의 유시티팀은 NSIC를 비롯한 리포그룹, IBM 등 IFEZ의 개발사업에 참여하고자 하는 국내외 민간 시행자들과 글로벌 ICT 업체들을 불러 U-City[1] 기본 인프라에 대한 IFEZ 가이드라인을 제시하고 이를 개발계획에 반영하는 문제를 논의했다. 송도지구, 영종지구와 청라지구 전체 7000만 평(약 230km^2)에 육박하는 새로운 매립지를 첨단의 정보통신 인프라를 갖춘 유시티, 한국형 스마트시티로 개발하기 위해 참여 기업들의 협조를 구했다.

　　통신네트워크와 데이터 통합 모델 등 스마트시티 서비스를 위한 기본적인 인프라 구축을 위하여 개발계획 초기부터 유시티 인프라 계획수립과 함께 이행 비용 등을 사업계획에 반영해 달라는 요구였다. 참석한 개발 시행사 관계자들은 과거에 없었던 공공 차원의 새로운 요구사항에 대해 당혹해하였으나 신도시의 경쟁력과 개발사업의 마케팅 효과 차원에서 그리고 인허가권자인 경제자유구역청의 요구를 수용하는 것에 대한 이해득실을 부지런히 계산하고 있었다.

　　#4. 2006년, 서울의 한 건축설계사 사무실에서 포스코건설과 LGCNS는 송도국제학교의 ICT 도입을 위하여 설계와 건축비에 반영할 내용을 논의하였다. 송도국제학교(현, 채드윅국제학교)가 스마트 도시에 걸맞은 교육 서비

---

[1]　U-City는 한국형 스마트시티의 브랜드로 2017년까지 사용되다가 2018년부터 스마트시티라는 범용어로 바뀌어 사용되고 있고 스마트시티가 유시티의 한계를 극복한 발전된 개념으로 보기도 한다.

스를 제공하고 스마트한 시설로 운영되는 데 필요한 ICT 인프라 설계 내용과 구축비용에 대한 내용이었다. 당초 계획에서 추가되어야 하는 ICT 관련 시설과 이에 따른 비용 증가 부문과 공정의 변화 등에 대해 서로 다른 언어를 가지고 설득과 이해를 위해 노력 중이었다.

#5. 2007년, 송도국제업무지구의 개발사인 NSIC는 아슬아슬하게 부도의 위기를 넘기며 두 번의 브리지론을 마무리하고 2.1조의 PF를 성공적으로 이루어냈다. PF 후속 조치로 프로젝트의 재무건전성을 모니터링하기 위해 대주단인 신한은행은 CFO와 직원을 프로젝트에 파견했고 안정적인 개발자금을 확보한 송도국제업무단지(송도IBD) 개발사업은 순항하기 시작했으나 2008년 미국의 서브프라임 모기지 사태로 촉발된 글로벌 금융위기, 분양가 상한제 등으로 헬스케어시스템 등 스마트 도시 관련 서비스 도입이 중단 될 위기에 처했다.

#6. 2007년, 인천경제자유구역청의 한 회의실에서는 소방 및 경찰 관계자 들과 정보통신회사들 측 인사가 모여 UMC(U-City Management Center 혹은 Urban Management Center)라 불리던 통합관제센터에서 수집되는 정보들, 영상 데이터 등을 재난안전서비스를 제공하는 소방청119와 경찰청 112 시스템과의 데이터공유에 대한 심층논의가 진행되었다. 유시티의 통합관제센터에서 수집되는 범죄나 사고현장의 영상이 119나 112의 출동 서비스에 얼마나 큰 가치가 있는 지에 대해 젊은 소방관과 경찰관들은 열변을 토했다. 그로부터 약 10년 후인 2017년 119와 112는 국토부 통합관제센터와 데이터와 범죄와 재난안전 관련 영상데이터를 공유하는 협약을 맺고119, 112 출동과 치매노인 등 사회적 약자보호를 위한 영상정보 제공 등에 기반한 연계서비스를 제공하기 시작했다.

#7. 2009년, 송도갯벌타워 강당에서는 인천시와 IFEZ, NSIC 주최로 '인천시민과의 대화' 행사가 진행되었다. 인천대캠퍼스의 송도지구로의 이전에 따른 구 도심지역의 공동화와 쇠락, 송도신도시의 최신 아파트 보급과 새로운 고급 주거지의 조성으로 인한 풍선효과로 주변 연수구의 아파트가격 하락 등의 이슈로 시의원들과 주민들의 원성은 하늘을 찔렀고 송도개발에서 나오는 이익금을 인천시 구도심 재생사업의 재원으로 활용하겠다는 합리적 제안은 참가한 시민들에게 큰 감동을 주지는 못하였다.

1. 스마트 도시 개발의 참여자들

일반적인 도시 및 부동산 개발사업은 민간 및 공공 시행사와 시공사, 대출과 PF를 담당하는 금융사와 인허가를 담당하는 정부기관 그리고 주요 생산자 서비스 제공하는 기업들로 크게 나뉘어져 각자의 역할을 수행하게 된다. 이는 역할 차원에서의 구분일 뿐 참여하는 주체들은 각 영역에서 중복적인 역할을 수행하기도 하고 프로젝트에 참여하는 각자의 목적을 달성하기 위해 타 분야 행위자들의 계획이나 실행에 영향을 주기도 한다. 또한 대규모 도시개발과 SOC사업에서 재정 부담의 경감과 안정적인 프로젝트 수행을 위한 전략으로 도시 정부와 민간 자본의 참여 및 다양한 도시의 이해관계자 집단의 참여하는 민관협력(Public-Private Partnership)은 이제 새롭지 않은 일이다.

스마트 도시개발 역시 도시개발의 기본적인 프로세스나 기본적인 참여자들의 역할들이 그대로 수행되곤 한다. 그러나 참여자 구성 측면에서 기존 개발사업과 확실하게 구분되는 점은 정보통신분야 관련 기업이나 기관들의 참여와 역할이 중요해진다는 점이다. 이는 스마트 도시개발의 중요한 특징이다. 스마트 도시개발에서 정보통신업체 등 기술기업들의 참여는 필수적이다. 새로운 참여자들의 등장은 기존 도시개발 사업에 참여하던 주요 행위자들, 즉 부동산개발 시행사, 건설사, 금융사 등 주요 참여자들의 역할과 관계에서도 변화가 생기게 된다. 이들 참여자들의 기존 개발사업에서 수행해 왔던 고유의 역할과 기능은 여전히 중요하고 지속적이다. 그러나 스마트 도시개발이라는 새로운 도시개발 방식의 출현과 부동산 금융 등 관련 산업이 변화하는 환경 속에서 스마트 도시 개발의 참여자들은 새로운 관계를 형성하고 다양한 역할을 경험하게 된다. 스마트 도시개발의 필수적인 ICT 영역의 참여자들은 초기 설계와 기획단계에서부터 도시의 운영까지 도시개발의 여러 절차와 다양한 의사결정 과정에 지속적으로 영향을 주고 때론 결정적인 역할을 수행하기도 한다. 스마트 도시개발에 기술기업과 전문가들의 역할 비중은 점점 커지고 있고 오랫동안 건축가의 고유 영역이었던 도시의 마스터플랜 분야를 넘보기까지 한다.

한편, 도시 정부나 공공의 역할 측면에서 살펴보자면 기존 개발사업의 경우 인허가권자로서의 수동적인 위치였다면 스마트 도시의 경우 계획과 구축단계에서부터 향후 운영에 이르기까지 도시 정부와 중앙정부 등 공공 역할의 비중과 중요성이 더욱 커지고 있다. 과거 공공시행사 주도의 신도시개발과 주택단지 개발에서 도시 정부는 인허가절차를 통한 관리와 규제, 심의자로서의 역할이 주된 활동이었다. 그러나 스마트 도시개발의 경우, 스마트 도시의 기본적인 서비스라고 할 수 있는 통합관제센터 기반의 치안 및 재난 안전 서비스와 같은 시민 대상 서비스가 일차적인 도시 정부의 중요한 기능이고 이를 위한 전반적인 활동의 주체로서 활동해야만 한다. 즉, 스마트 도시의 데이터 기반의 다양한 공공서비스의 구축 및 운영관리의 주체로서 도시정부의 역할에 대한 요구가 점점 커지는 상황이다. 특히, 국내 스마트 도시사업을 주관하고 있는 국토교통부의 경우 지자체 대상의 다양한 스마트시티 공모사업을 전개하면서 공공 부문의 스마트시티 개발에 대한 관심과 역할의 중요성이 더욱 부각되고 있다. 이는 과거 유시티 사업과 비교해 보았을 때 최근 진행되고 있는 스마트 도시 개발 사업의 주요 특징 중 하나로 부각되고 있다.

1) 시행사와 시공사 그리고 기술기업

시행사는 개발사업을 진행하는 주체로서 개발사업 기획과 PF 대출을 포함한 실행 등 프로젝트의 비용과 수익에 대한 포괄적인 책임을 지는 주체이다. 그러나 외국과는 달리 우리나라에서는 산업구조의 문제 및 시공사인 건설사 중심의 개발사업 관행으로 사업의 구상, 부지의 매입, 인허가 절차, 시공사의 선정 등 계획 단계에 그 역할이 집중되고, 시공사가 선정된 이후에는 시공사가 사업을 주도하는 경우가 많다(손재영, 2010). 스마트시티 초기에는 시행사와 시공사들이 유시티 혹은 스마트시티를 마케팅과 브랜딩 전략으로 프로젝트에 적극 활용해 왔다. 2000년대 초 국내에서 계획되고 진행되던 대부분의 개발사업은 스마트시티의 한국브랜드라 불렸던 유시티의 이름으로 진행되었다. 동탄 1기 신도시와 파주 운정지구 등 대형 프로젝트는 물론 구도심 재생 사업2들도 유시티라는 이름을 걸고 프로젝트들이 계획되었다.

스마트시티 개발사업은 산업의 성숙도 측면에서 보자면 오래된 건설업과 부동산개발 분야와 가장 최근에 등장한 정보통신기술 분야가 만난 사업이기도 하다. 스마트 도시 개발에는 건설사 및 도시개발사업자와 기술기업들의 참여가 필수적이다. 이미 국내의 동탄이나 파주 운정 유시티 건설 과정에서

---

2 대전퓨처렉스 프로젝트는 2007년 대전 은행동 구도심을 유시티로 개발하겠다는 계획의 프로젝트였다. ≪전자신문≫ 기획기사, 2007년 8월 8일 자. http://www.etnews.com/200708070029

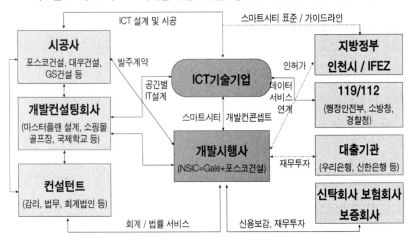

〈그림 3-1〉 스마트 도시개발의 참여자들: 송도국제업무단지 유시티 사례

학습이 된 많은 건설사들은 정부의 스마트시티 관련 공모 사업과 관련하여 기술기업과의 파트너십을 구축하여 사업을 준비 중이다. 기술기업인 LGCNS와 포스코건설, 시행사인 게일사가 송도에서 보여준 파트너십은 이제 기본적인 전략이다.

IFEZ 송도지구 내 송도IBD를 개발하는 시행사인 NSIC[3]도 2003년 인천시로부터 1차 토지 매입과 2005년 11월, 인천시와 함께 재정경제부(현 기획재정부)로부터 송도IBD 개발사업에 대한 실시계획을 승인 받아 개발 사업에 착수한 이후 프로젝트 초기부터 유시티, 그린시티, 공항도시 등 다양한 도시 마케팅 콘셉트를 차용하여 개발가치를 제고하고자 하였다. 특히, 송도를 유

---

3   New Songdo Internatioal City. 미국의 게일인터네셔널(Gale International)사와 국내 포스코건설이 송도IBD 개발프로젝트를 담당할 목적으로 2002년 설립한 특수목적회사(SPC)이며 유한회사이다. 송도국제업무지구 개발에 필요한 해외 투자, 글로벌 기업 및 자본 유치는 물론, 마스터플랜 및 세부 개발계획 수립과 설계, 자금 조달, 그리고 국제업무단지 내의 호텔, 숙박시설, 병원, 교육시설, 유통시설 등 투자 유치를 위한 마케팅 활동을 총괄했다.

시티로 개발하기 위하여 정보통신업체인 LGCNS와 함께 스마트 도시 개발 전담회사인 송도유라이프사를 설립하였다. 도시개발 사업 최초로 정보통신 분야 전문성을 갖춘 전담 조직을 만들어 도시계획 초기부터 주요 건물과 도시 내 인프라에 유시티 콘셉트를 반영하여 첨단의 스마트 도시로 개발을 추진하고자 하였다.

그러나 시행사와 시공사의 입장에서 스마트 도시개발은 기존 개발방식에 비해 비용이 증가하는 부담스러운 개발 방식이다. 따라서 이 부담들이 개발하고자 하는 도시와 아파트 단지들을 경쟁사 대비 차별화시킬 수 있는지와 전반적인 부동산 가치를 높이는 데 도움이 되는지를 판단하여 투자를 결정하게 된다. 또한 스마트 도시 개발에 필요한 대규모 교통 인프라나 시설들은 시행사들이 감당하기 어려운 규모이다. 따라서 시행사나 시공사들에게 최선은 이러한 부담들을 공공 부문의 투자와 참여로 이끌어내는 것이다. 여기에는 스마트 도시개발에서 '도시'라는 개발의 범위가 가지는 도시 정부나 지자체의 역할과 책임이 필수적이라는 공감대가 깔려 있다.

2) 도시 정부와 기술기업 그리고 중앙정부

과거에 비해 중앙이나 지방정부 등 국가 행위자의 역할은 다소 약화되었거나 그 경중에 차이가 있긴 하나, 토지 사용과 관련된 각종 인허가와 세제 혜택과 같은 인센티브 제공 등의 실질적인 지원 활동을 통해 직간접적인 개입을 하고 있다. '도시'의 개발이라는 측면에서 인허가를 담당하는 공공의 참여는 필수적이었다.

송도국제업무지구 개발 사업 과정에서 인천 경제자유구역청은 세부 프로젝트별 인허가와 계획 변경 등을 NSIC와 논의하며 프로젝트 이행과 관리에 적극 참여하고 있어 여전히 도시개발 전반에 걸친 관리와 조정의 역할에서 영향력을 행사하고 있다. 특히, 2008년 이후 NSIC로부터 토지재매입을 통해 시행 이익을 시 재정으로 환수하려는 시도 등 토지의 매각과 매입 등 토지를 기반으로 프로젝트 이행 과정에 적극 개입하였다.

그러나 스마트 도시개발 측면에서 보자면 공공 입장에서 해당 지자체와 중앙정부 부처는 개발사업자의 계획에 대한 인허가권은 가지고 있었으나 관련된 전문성의 부재로 유시티 건설에 대한 선도적인 역할을 수행하기에는 한계가 있었다. 따라서 IFEZ는 NSIC 외에도 인천경제자유구역 송도 영종 청라지구 3개 지구 개발에 참여하고자 했던 국내외 시행사들과 IBM, LGCNS 등 기술기업들과 협의체를 구성하여 유시티 인프라의 구축과 관련된 표준 가이드라인을 만드는 등 전체적인 유시티 인프라 계획을 기업들과 함께 추진하고자 하였다. 그러나 2000년대 스마트시티 사업인 유시티의 주된 사업 분야는 인프라 구축 사업이 되었고 주요 서비스도 공공서비스 위주로 진행되었다. 도시 운영에 필요한 수익을 창출할 수 있는 대부분의 유료 킬러 서비스 시장은 주요 통신사들이 전국 단위의 서비스로 선점하여 제공하고 있었고 시민들이 체감할 만한 추가적인 서비스 발굴의 실패로 신도시라는 측면 외에 기존 도시와의 차별점이나 특징을 드러내지 못하였다. 따라서 유시티에서는 지자체 공공서비스 중심으로 서비스를 기획할 수밖에 없었고 민간보다는 공공의 역할이 우선 시되었고 전통적인 건설사와 디벨로퍼들은 유시티 개념을 분양 마케팅의 차별화된 아이템 정도로만 고려하는 수준이어서 분양가 상한제 등의 가격에 영향을 미치게 되는 경우 제일 먼저 배제되는 영역이 되기도 했다.

한편, 지자체 단위의 도시개발 프로젝트에서는 과거 발전주의 시대의 대규모 개발사업에서 나타난 강력한 중앙정부의 리더십과 정치적 지지는 더 이상 존재하지 않는 것으로 생각되었다. 그러나 매립지였던 송도를 포함한 영종, 청라 등 인천 서부지역을 경제자유구역으로 지정하기 위한 법률 제정

문제와 외자 유치를 담당하는 재경부 등 중앙정부의 지원이 개발프로젝트에 적지 않은 영향을 주었다. 특히, 경제자유구역 지정과 관련법에서 경제자유구역의 인프라를 중앙정부의 재정으로 지원한다는 내용은 중앙정부의 지방행정에 대한 적극적 개입 수단이 되고 있다.[4] 제도적인 측면에서도 공공은 1994년 설립된 정보통신부는 세계 최고 수준의 ICT 능력을 바탕으로 한국형 스마트시티라고 불리던 유시티를 추진했고 2008년에는 '유비쿼터스 도시의 건설 등에 관련한 법률'[5]을 제정하여 유시티 도시기반시설의 확충을 지원하기 시작했다. 화성 동탄과 IFEZ의 송도국제도시 등 대부분의 신도시와 주거단지 개발사업, 대규모 인프라사업들이 유시티 프로젝트로 시행될 수 있게 하는 기초를 마련했다. 그러나 이명박 정부의 행정부 개편으로 정보통신부가 사라지면서 스마트시티 관련 업무의 주된 업무는 국토부로 이관되었고 국토부는 기존 국토부 사업에 스마트시티를 접목시키는 분야에 집중하였다. 각 지자체 중심의 통합플랫폼 보급사업과 도시재생사업, 건설업체들의 해외진출사업에 스마트시티 개념을 연계하는 방식의 사업 추진이 이루어졌다. 스마트 도시개발을 위한 주요 기술 및 표준 관련 R&D 사업들도 주로 국토부 산하 국책연구기관들이 주도하면서 과기정통부 산하 기관들과 협업하는 구도로 진행되었다.

---

4   운영 측면에서도 국내 경제자유구역의 운영주체인 현재 각 지방정부의 산하에 있지만 각 경제자유구역청을 통솔하는 경제자유구역기획단은 중앙정부(지식경제부) 산하에 존재해 중앙정부와 지방정부가 직간접으로 동시에 관련하는 형태이다. 또한, 주요 프로젝트 중 하나였던 국제학교의 설립과 인가 문제에는 교육부가, 경제자유구역 운영에 대한 감사원 감사 등 중앙정부 기관의 직 간접 영향이 미치고 있다. 추가적인 내용은 허정화, 2016, 초국적메가프로젝트 개발의 구조와 특징-송도국제업무단지 개발을 사례로-, 서울대학교 박사학위 논문 참고.
5   2008년 제정 후 2018년 스마트 도시건설 등에 관한 법률로 개정.

3) 국가 성장동력으로서 스마트 도시

　스마트 도시개발 사업은 문재인 정부에서 4차 산업혁명의 강조와 함께 8대 국가 성장 동력 중 하나로 스마트시티를 선정하면서 새로운 국면을 맞게 된다. 민간 개발사업자나 지자체 수준에서가 아닌 국가의 주요 경제성장 동력으로써 스마트시티는 대통령 직속의 국가스마트시티특별위원회의 구성과 국가시범도시 지정을 통한 해외수출 등 국가적 어젠다로 부상하였다. 스마트시티 관련 추진 조직들이 중앙정부와 지자체에 속속 만들어지기 시작했고 대규모의 예산이 국가시범도시개발과 R&D 사업에 투자되기 시작했다.
　2018년 "세계 최고의 스마트시티 선도국"이라는 비전하에 임기 내 백지 상태의 부지에서 스마트시티의 모델을 만들어 해외수출까지 성과를 내겠다는 의지로 세종5-1 생활권과 부산에코델타시티를 국가시범스마트시티로 지정하여 프로젝트에 박차를 가했다. 그러나 백지 상태의 부지에서 시행되는 스마트시티는 2005년 송도에서 시작된 유시티 건설과 같이 '시민' 없는 부동산개발 사업화되는 실패를 재현하는 길을 걷기 시작했다. 성급한 계획과 전문성 없는 거버넌스와 추진체계는 리더십 부재로 인한 혼란으로 드러났고 스마트시티 추진계획의 수정으로 이어졌다. 국토부는 당초의 2기 시범도시지정이나 도시의 성장단계별 차별화된 사업추진을 개정된 스마트 도시 종합계획에서 '스마트 도시챌린지'라는 사업으로 단순화시켰다. 또한 중앙정부의 예산지원으로 스마트시티 사업을 추진해야 하는 지방정부 입장에서는 자체적인 스마트 도시의 수요조사나 필요성보다는 공모사업의 당락에 추진 계획 자체를 전적으로 의존해야만 하는 상황이 되기도 한다. 이러한 상황에서 스마트 도시 관련 조직도 없고 전문성이나 ICT 역량이 취약한 일부 지자체들은 제안서 작성과 기술적인 지원을 받기 위해 민간 기술기업이나 컨설팅기관에 전적으로 의지할 수밖에 없게 된다.

4) 재무투자자와 스마트 도시개발

　도시개발사업에서와 마찬가지로 스마트 도시개발에서도 재무투자자의 힘은 강력하다. 다양한 유형의 재무적 투자자는 개발 사업에 자금을 빌려주는 필수적이고 절대적인 역할을 담당한다. 더구나 메가프로젝트 위주의 도시개발 및 스마트 도시개발 사업은 대규모의 자금이 필요하기 때문에 두 개 이상의 금융기관이 대주단(syndicate)을 구성하여 참여하는 경우가 대부분이다. 송도국제업무단지 프로젝트 초기에도 포스코건설의 주거래 은행인 우리은행을 비롯한 23개 은행의 신디케이션 구도로 국내 대부분의 은행이 참여했다고 보아도 무방하다. 2007년에는 신한은행을 주간사로 하는 신디케이션 형식의 2.5조 파이낸싱이 이루어졌다. 이 PF 조건으로 신한은행은 운영사인 GIK에 관리감독을 위해 신한은행 출신 CFO를 선임하도록 하고 송도 프로젝트 현장에 신한은행 직원을 파견했다.

　유동성이 커진 환경에서 도시개발의 주요 트렌드가 된 스마트 도시개발 사업은 규모나 기간 측면에서도 도시개발사업자나 건설사뿐만 아니라 재무적 투자자들에게도 매력적인 새로운 시장이다. 더구나 정부에서 천명한 국가 주요 성장 동력의 주요 아젠다로서 스마트시티는 여러 참여 기업들의 관심을 불러일으켰다. 특히 '백지 상태의 부지'에서 시작되는 국가시범 스마트 도시인 세종5-1 구역과 부산 EDC의 사업추진체계가 최근 SPC 설립을 통한 구축과 운영 모델로 전환되면서 SPC를 위한 전략적 파트너십은 건설사, 시행사, 기술기업을 넘어 재무적 투자자까지 확대되었다. 여기에는 부동산시장의 유동화와 자산운용시장의 확대 등 금융시장의 환경 변화가 일조했다. 이미, 과거 송도의 경우에도 초국적 기업(Gale)과 초국적 금융자본(모건스탠리)의 도시개발 메가 프로젝트 참여하면서 공간과 자본시장의 통합의 측면도 일부 나타났으며 이는 스마트시티뿐만 아니라 도시개발 및 SOC 등 다수의 메가 프로젝트에서도 나타나는 현상이다.

그러나 이 확대된 파트너십 구도에서 보다 중요한 점은 스마트시티의 구축 외에도 장기적인 도시운영의 역할을 담당해야 하는 SPC에 참여하기 위해서는 부동산개발을 통한 수익을 스마트시티 서비스의 개발과 제공 과정에 재투자하면서도 적절한 수익 창출이 가능한지에 대한 분석과 판단이 결정적인 의사결정 영역이 되었다는 것이다. 국가시범도시 개발과 운영에 있어 SPC 체제를 택한 정부 담당자 입장에서는 재무투자자들의 사업타당성 분석의 결과가 사업기간 동안 긍정적이어야 의사결정이 가능하다는 점에서 재무투자자들의 역할이 중요해지고 있는 것이다.

5) 기술기업들의 딜레마

국내 스마트시티 사업의 경우 2000년대 초 유시티라는 이름으로 정보통신서비스업체 위주로 유비쿼터스 컴퓨팅 기술과 관련 인프라를 주거단지 및 건물 그리고 나아가 도시에 적용하는 사업 모델을 통해 진행되기 시작했다. LGCNS, 삼성SDS, SKC&C, KT와 같은 국내 정보통신 대기업은 물론 IBM, 시스코 등 글로벌 IT 기업들이 새로운 시장을 개척하기 위해 주요 사업자로 참여했다. 이들 기술기업들은 주요 신도시 개발 사업의 전략마케팅 수단으로 유시티 개념을 도입하도록 건설사와 시행사를 설득하면서 새로운 전략사업으로 도시개발 시장에 참여하기 시작했다.

2003년부터 이들 기술기업들은 파주, 과천, 화성 동탄과 송도 등 새로운 도시개발 사업을 준비하던 지자체와 개발사업자들을 대상으로 유시티 설명회를 개최하고 각 기업별 제품과 서비스를 도시개발계획에 도입하기 위해 적극적인 영업활동을 전개했다. 전기나 수도, 가스와 같이 새로운 유틸리티의 하나로써 브로드밴드 서비스와 정보통신 특등급 아파트 등을 전략 상품으로 내세우며 아파트 단지와 도시 전체에 유시티 서비스를 제공하기 위한 네트워크 구축 등 인프라 설비를 주요 타깃으로 공략했다. 또한 유시티의 특징적인 새롭고 중요한 인프라로서 도시통합관제센터(혹은 운영센터)라고 불리던 UMC의 도입을 주장했다. UMC와 네트워크에 대한 설계를 도시계획 초기단계에서부터 반영하고자 하였다. 이러한 네트워크 인프라와 UMC 센터를 통해 다양한 유시티 서비스의 제공과 각종 데이터 분석을 통해 각종 서비스를 업그레이드 하게 될 것이라고 예측했다. 그러나 예상과는 다르게 당시 센터들은 CCTV 중심의 관제센터로 보안과 재난안전 모니터링용으로만 주로 사용되었다.

여러 가지 한계에도 불구하고 2000년대 한국의 유시티 사업은 국내 IT 기업인 삼성SDS와 LGCNS 그리고 글로벌 기업인 IBM과 시스코 등 ICT 업체들이 주도하고 있는 새로운 시장이었고 민간 건설업자와 도시개발사업자들의 마케팅 수단으로 인기몰이를 하였다. 그러나 2008년 글로벌 금융위기를 겪으면서 전반적인 건설과 부동산 경기의 하락으로 2010년 이후 스마트 도시개발 시장이 침체기에 접어들면서 주요 기술기업들도 도시 전체에 대한 마스터플랜보다는 교통이나 의료 등 단위 프로젝트에 집중하여 스마트교통, 스마트홈, 주차관제시스템, 친환경에너지 등 단위 프로젝트로 분리하여 수행하면서 주요 IT기업에서 관련 조직들이 사라지기도 했다. 다시 2018년 스마트 도시가 새 정부의 주요 성장 동력으로 천명되면서 기술기업들은 각 지자체별 사업과 국가시범도시사업에 그간 축적되었던 영역별 기술 제공과 사업의 주요 참여자로 적극적으로 나서기 시작했다. 특히, 국가시범도시사업에는 주요 투자자로서도 SPC의 기획과 스마트 도시운영 모델 개발에 아이디어를 개진하고 있으나 전 세계적으로 스마트 도시 사업의 불확실성이 커지고 있는 환경에서 단순 기술기업으로서가 아닌 운영사업자로서의 입지를 고민하는 것으로 보인다.

스마트 도시 개발에서 절대적인 역할을 수행하는 정보통신업체(IT기업)들의 경우 기능적인 역할 측면에서는 IT 분야의 생산자 서비스 제공이라는 수동적인 입장으로 볼 수도 있다. 실제 초기 스마트시티 영역은 부동산개발과 도시개발에 있어서 홈네트워크나 주차관제시스템의 도입 정도의 마케팅차원의 차별적인 수단으로 여겨졌다. 그러나 기술적 특수성과 전문성 외에도 점차 사회 전반에서의 정보통신기술의 의존도가 높아지고 수요 확대로 인해 도시개발 영역에서도 중요한 역할을 담당하게 되었다. 구글과 같은 일부 혁신 기술기업들은 시행사로서 도시개발에 참여하여 직접 기획과 투자를 하는 등 역할이 진화·발전하고 있다. 최근에는 정보통신기업 외에도 스마트 도시의 중요 인프라 서비스이자 사업 분야로 등장하는 자율주행과 친환경에너지 영역의 기술기업들로 그 참여 범위가 확대되고 있다. 교통과 에너지 분야의 새로운 혁신서비스를 스마트 도시개발 프로젝트를 통해 구현 실증하고자 하는 의지로 자동차와 에너지산업 관련 업체들의 스마트 도시개발에 대한 관심이 높아지고 활발한 참여가 진행되고 있다.

이처럼 스마트 도시 개발에 있어 개발초기 계획단계, 구축과 운영단계 전반에 걸쳐 이들 기술기업들의 역할은 확대되고 지속된다. 시행사와 시공사가 구축 이후 일반적 하자보수라는 관리책임만 남는다고 하면 기술기업들은 운영단계에서도 도시 정부와 함께 스마트 도시 주요 서비스의 기술적 운영 주체로서 스마트 도시의 지속성을 책임지는 역할을 수행하게 된다. 이러한 이유로 기술기업들의 스마트 도시개발의 참여는 더욱 중요해지고 있으며 프로젝트 전반에 걸쳐 단계별로 다양한 역할이 요구되기도 한다. 따라서 기술기업들에게는 시행사와 건설사, 건축가 및 도시 정부 등 다른 참여자들의 요구 사항과 목표에 대한 정확한 이해가 요구되고 이들 사이에는 합리적이고 협력적인 거버넌스 체계가 필요해지는 것이다.

2. 스마트 도시개발의 거버넌스[6]

스마트 도시개발의 양상은 부동산개발업과 건설 분야, 금융산업 등 관련 산업구조 변화와 함께 더욱 복잡해지고 있다. 이제 스마트 도시개발은 정보통신 분야를 넘어서 자동차, 에너지 등 다양한 산업 분야의 기술적 변화들이 도시 공간에 끊임없이 영향을 주고 이러한 기술적 발전을 실현하는 역동적인 활동이 되고 있다. 빅데이터와 인공지능 등 4차 산업혁명 기술 변화의 핵심에 있는 IT서비스업체와 솔루션업체 외에도 자동차와 에너지 분야 기술기업들의 참여와 도시개발사업의 메가 프로젝트화 경향과 부동산금융 시장의 유동화 등으로 다양한 재무투자자들이 주요 플레이어로 참여하게 되었고, 이들 참여자들 간에 더욱 다양한 거버넌스 체계가 형성되고 있다.

스마트시티를 개발하는 데 참여하는 이해관계자들은 초기 계획단계에서부터 운영에 이르기까지 다양하다. 프로젝트의 단계별 주요 목표에 따라 주요 행위 주체 간에 형성되는 거버넌스의 구조와 성격은 달라진다.[7] 프로젝트 과정상 중요한 이행 목표에 따라 각기 다른 주요 행위 주체 간의 이해관계가 조성되고 그에 따른 거버넌스 구조가 형성된다. 초기 프로젝트 합의를 위한 협력적 거버넌스 구조에서는 각 행위 주체들이 가진 자원들을 어떻게 활용하여 프로젝트를 성립시킬 것인가에 대한 합의가 거버넌스의 주요 목표가 된다.

---

[6] 지역개발 및 도시계획 과정에서의 거버넌스 연구는 참여 주체들의 갈등 구조와 그 해결 과정, 즉, 도시개발 및 공간계획과 관련된 이해관계자들 사이의 사회적 관계 및 갈등에 대해 초점을 맞추고 있다(안건혁, 1994; 조형제, 2004; 신동진, 2006).

[7] 거버넌스 구조를 이해하기 위해서는 거버넌스의 구조나 유형적인 측면보다는 거버넌스에 참여하는 주요 행위 주체들의 특성과 이들 사이에 형성된 관계(이해관계 및 갈등구조 등), 그리고 거버닝 논리와 주요 의사결정자 등에 대한 파악이 중요하며 이를 기반으로 전체 거버넌스의 구조와 특징을 설명하는 것이 적절하다고 본다(허정화, 2016).

송도국제업무단지 개발프로젝트 사례에서도 초기에는 인천시와 게일사, 그리고 포스코건설의 임원들 간의 협력적이고 합의 도출을 위한 거버넌스 활동이 주를 이룬다. 그러나 개발 이행 과정에서 각 행위 주체 간의 이해관계가 상충되고 갈등 구도가 형성되면서 거버넌스의 형태도 달라졌다. 민간과 공공 간의 거버넌스는 형식적이고 관료적이며 계약에 기반하여 협상과 의사결정이 진행되며, 민간기업 간의 이해 충돌에 대해서 IFEZ나 중앙정부는 소극적 중재자 역할을 수행한다. 그러나 2008년 글로벌 금융위기와 함께 부동산 침체로 이어지면서 송도 개발의 일정 지연과 약속한 외자 유치 및 기업 유치가 부진하자 인천시는 NSIC로부터 토지를 재매입한다. 이 과정에서 인천시는 중앙정부기관인 감사원의 경제자유구역 감사결과를 반영하여 법률 개정을 기반으로 매각원가와 이자, 세금 등만을 지급하고 과도한 시행이익의 국외반출을 제한하는 합의서를 체결했다. 또한, 이러한 과정에는 시행사인 NSIC가 과다한 시행이익을 국외로 유출할 수 있다는 여론에 힘입어 중앙 및 지방정부가 적극적으로 도시개발사업의 거버넌스에서 참여하여 조정과 관리의 역할을 강화하게 만들었다.

초기 유시티 개발 과정에서는 개발시행사, 건설사와 기술기업 위주의 개발 비용 증가 대비 마케팅 효과 측면을 중심으로 한 협력이 중심이 되었고 IFEZ나 인천시는 유시티 인프라 가이드라인의 제시나 소방청과 경찰청과의 데이터 공유를 중재하는 정도의 소극적 역할로 참여했다. 그러나 최근의 스마트 도시개발은 개발환경의 변화 및 참여자의 증가와 함께 국가 차원의 전략적 추진이라는 점에서 주요 참여자들 간의 이해관계와 갈등 구도에 전반적인 변화를 가져오고 있다. 국가시범 스마트 도시의 경우 중앙 부처인 국토교통부 주도하에 지방자치단체와 기술기업, 재무투자자, 개발시행사와 건설사 사이의 이해관계와 갈등의 조정을 통해 프로젝트의 성공적 수행을 논의 중이다. 반면 중앙정부의 예산 공모사업 중심으로 진행되고 있는 지방자

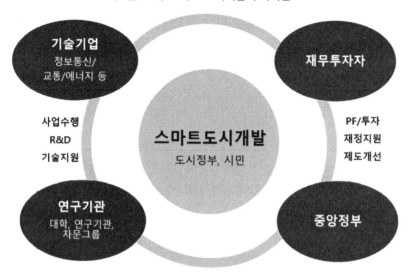

〈그림 3-2〉 스마트 도시개발의 거버넌스

기술기업
정보통신/
교통/에너지 등

재무투자자

사업수행
R&D
기술지원

스마트도시개발
도시정부, 시민

PF/투자
재정지원
제도개선

연구기관
대학, 연구기관,
자문그룹

중앙정부

치단체의 스마트시티 사업은 공모에 선정되기 위한 제안서 작업을 위해 기술기업에 크게 의존하는 편이다. 대부분의 지자체들은 스마트시티에 대한 이해도가 낮고 조직이나 인적자원 측면에서 열악한 상황이어서 기술기업이나 컨설팅 회사들과 지자체 간의 긴밀한 협력적 관계하에서 사업이 추진되고 있는 실정이다.

스마트 도시 개발은 최근의 도시개발 사업의 경향과 전략적 특징, 프로세스적인 측면에서 유사성을 보이는 동시에 기술기업의 참여와 국가의 전략적 프로젝트라는 정책목표가 더해지면서 복잡성과 난해함을 드러내고 있다. 참여자들이 보다 다양해지고 주요 행위 주체들 사이의 전통적인 관계가 변화하고 이질적인 분야의 전문가들이 만나 미래의 도시인 스마트 도시를 만드는 과정에서 다양한 이해관계의 상충으로 조정과 협의의 기능이 프로젝트의 성패를 가르기도 한다. 즉, 도시개발에 참여하는 다양한 영역의 행위 주체들 간의 긴밀한 협력과 역할, 기능의 효율적 배분을 위한 거버넌스 활동이 도시개발 전략을 실현하는 핵심이 된다. 또한, 이러한 거버넌스 구조와 특징은 신도시 및 스마트시티의 공간구조 및 토지이용에 영향을 주게 된다. 민관합동 프로젝트로서의 스마트시티 국가시범도시 프로젝트의 성공에서 이 거버넌스의 중요성이 강조되어야 하는 이유도 여기에 있다.

3. 시민의 강조와 리빙랩

과거의 유시티와 스마트시티를 굳이 구분하고자 하는 측에서 공통적으로 제시하는 단어가 바로 '시민'이다. 과거 유시티가 기술기업 중심으로 공급자 입장에서 일방적으로 추진해서 실패했다는 냉혹한 평가로부터 출발하여 스마트시티의 추진은 시민 중심으로 수요자 중심으로 '아래로부터' 추진되어야 한다는 주장 아래 시민 참여를 강조하고 성공에 대한 기대감을 배가시키고 있다. 2018년 1월 발표된 문재인 정부의 스마트시티 추진전략에서도 강력한 시민 참여를 위한 개방형 혁신 시스템(open innovation)의 도입과 공유 플랫폼을 활용한 리빙랩 구현을 통해 시민 참여를 통한 도시혁신기반 조성을 주요 전략으로 내세우고 있다.[8]

스마트 도시에서의 시민의 역할은 원하는 서비스를 파악하는 설문조사의 대상이나 공청회 등에서 직간접적인 이해관계자로서 의견을 개진하는 정도로 국한되어서는 안 된다. 이숭일(2019)은 스마트시민은 스마트시티에서 활동하면서 데이터의 생산과 수집, 정제, 관리, 활용의 전 과정에서 공공과 양방향으로 협력하는 주체이며, 이를 통해 스마트 도시의 계획과 스마트 도시

---

8   「스마트시티추진전략」(2018.1.29). 국토교통부 정책자료, 21쪽.

를 통해 얻을 수 있는 상호 이익을 극대화할 수 있다고 한다(이승일, 2019: 104~105). 스마트 도시에서 시민은 수동적인 의견 제안자에서 역동적인 참여자가 되어야 한다는 것이다.

시민과 더불어 '리빙랩'이라는 만능 솔루션도 역시 시민의 참여와 함께 과거의 실패의 경험을 성공으로 이끌어 줄 쌍두마차로 부상하였다. 리빙랩9이라는 다소 낯선 단어가 스마트시티 개발 시장에서 주요 활동으로 부각되는 것은 '시민 참여'라는 측면에서 긍정적이고 환영할 만한 일이다. 그러나 현실은 이러한 리빙랩 활동이 효과를 낼 때까지 걸리는 시간 등의 '의미 있는 비효율'을 인내해 줄 수 있는 상황인지 의문이 든다. 이에 대한 사회적 공감대와 시민참여 의사결정과 관련된 커뮤니티 활동에 대한 믿음은 취약해 보인다. 기술 솔루션 개발 중심의 스마트시티 R&D 예산도 비록 소수이나 관련 커뮤니티 활동가들과 스마트시티 리빙랩에 대한 성공 사례를 만들고 그 방법론과 경험을 확산하는 데도 투자되어야 한다.

성공적인 스마트시티의 거버넌스 활동에는 스마트 도시개발에 있어서 기술기업이 빠지기 쉬운 기술만능주의에서 벗어나 기술기업 스스로의 전문성에 기반한 책임과 기존 도시개발 참여자들의 역할에 대한 이해와 도시개발 본연의 목표, '삶의 공간'을 이해하려는 노력이 우선 필요하다. 또한 민간기업들이 추구하는 이익이라는 가치가 공공성을 해치지 않도록 하는 지방정부와 공공 부문의 책임과 역할의 강조, 동시에 시민의 참여와 합리적 균형을 찾는 적극적 활동도 필요하다. 특히, 부동산 시장의 유동화와 프로젝트 대형화로 인한 재무투자자의 역할이 중요하게 부각되는 상황에서 재무적 투자자들의 이윤과 수익이 최우선시되는 함정에 빠지지 않아야 한다. 과거 유시티

---

9 리빙랩이란 2004년 미국 MIT(매사추세츠 공과대학) 윌리엄 미첼 교수가 처음 내놓은 개념으로, 지역사회 문제를 해결하기 위해 기술을 활용하는 방식으로 공급자와 사용자, 기업 등 다양한 이해관계자가 참여하는 개방형 혁신 플랫폼을 말한다.

사업에서 기술기업이 가졌던 문제를 되풀이하지 않도록 공공과 시민 전문가들의 적극적 개입이 요구된다. 4차 산업 경제의 주된 성장 동력과 전략적 수출상품으로써 스마트 도시를 전면에 내세우는 상황에서 '미래의 생활공간'으로서 스마트시티는 어떻게 개발되어야 할 것인가? 여기에 대한 고민은 고스란히 그리고 당연하게 시민사회와 도시 정부의 몫이다.

참고문헌

손재영 편. 2010. 『한국의 부동산금융』. 건국대학교 출판부.
신동진. 2006. 「도시개발과정에 통합된 도시설계의 사회적 관계」, ≪한국도시설계학회지≫, 7(2), 127~146쪽.
안건혁. 1994. 「도시설계과정에서 참여자의 역할이 미치는 영향 : 분당 신도시 설계사례를 통한 경험적 연구」. 경원대학교박사학위논문. 2~163쪽.
이승일. 2019. 『스마트 도시계획』. 커뮤니케이션북스.
조형제. 2004. 「산업도시의 재구조화와 거버넌스」, ≪국토연구≫, 6~87쪽.
허정화. 2016. 「초국적 메가프로젝트의 개발거버넌스 구조와 특징: 송도 국제업무단지 개발사례를 중심으로」. 서울대학교 대학원 박사학위논문.

4장
지방자치단체 스마트 도시계획 수립의 혼돈과 전환적 과제

홍성호 · 이정민

1. 스마트 도시계획의 귀환

구글이 만든 인공지능 프로그램 알파고와 바둑계 인간 대표 이세돌의 2016년 대국은 큰 반향을 일으켰다. 바쁜 일상을 살던 시민들은 4차 산업혁명이 불러올 미래상을 궁금해하기 시작했다. 지구촌 축제인 2018년 평창동계올림픽의 개막식 무대에서 강원도 다섯 아이의 미래 직업이 소개되었다. 한 아이는 디지털 도시를 시뮬레이션하는 계획가를 꿈꾸었다. 글로벌 기업과 국가가 연출한 두 스마트 이벤트는 지방자치단체가 지역발전 수단으로 스마트 도시계획을 소환한 큰 계기가 되었다.

스마트 도시계획의 전신은 유비쿼터스 도시계획이다. 2008년 '유비쿼터스도시의 건설 등에 관한 법률'이 제정되고 국가 유비쿼터스 도시종합계획이 수립되었다. 다수 지방자치단체는 지역발전 전략으로 유비쿼터스 도시 개념을 활용했다. 그러나 그 유행은 오래가지 못했다. 제1차 유비쿼터스 도시종합계획(2009~2013) 시행기에 14개 지방자치단체에서 지역별 유비쿼터스 도시계획을 수립한 데 반해, 제2차 유비쿼터스 도시종합계획(2014~2018)

시행기에 유비쿼터스라는 이름을 달고 계획을 수립한 지방자치단체는 5개에 그쳤다. 전국 10개 혁신도시는 2005년 전후 개발계획 수립 시점에 유비쿼터스 기반의 도시개발 기조를 정립했지만, 사업 준공기인 2015년 전후 들어서는 유비쿼터스 기반의 인프라 도입을 모두 폐기했다.

많은 지방자치단체 관계자들은 유비쿼터스 인프라 구축에 큰 비용이 들고, 유지 관리가 쉽지 않고, 무엇보다 효용성이 검증된 사례도 없다고 인식했다. 지역발전 수단으로 잊혀 가던 유비쿼터스 도시계획은 '스마트 도시 조성 및 산업진흥 등에 관한 법률(약칭: 스마트 도시법)' 제정 등 정부의 정책 의지, 민관의 스마트 이벤트와 더불어 스마트 도시계획으로 이름을 바꿔 달고 다시 출현했다. 스마트 도시법이 제정된 2017년 이래 현재까지 39개 지방자치단체에서 계획을 수립하였거나 수립하는 중이다.[1] 특히 코로나 19 충격에 따른 비대면 사회의 출현은 스마트 도시 구축 논의를 가속화하고 있다. 바야흐로 스마트 도시계획의 귀환이다.

지방 경쟁이 격화되고 코로나 바이러스가 창궐하는 시대에 도시를 디지털 업그레이드하는 계획의 마련은 지방자치단체의 당연한 책무이자 발전 전략으로 보아야 한다. 다만 이 지점에서 주지해야 하는 큰 문제가 있다. 여전히 "우리는 스마트 도시에 대해 잘 알지 못한다(Hollands, 2008: 303)"는 불편한 사실이다. 우리가 가진 스마트 도시의 이미지는 글로벌 기업과 정부가 제작한 영상에 기초한다. 지방정부와 IT기업이 이벤트로 제공하는 스마트 도시 광고 수준을 넘어선 근본적인 원칙, 아이디어, 개발 및 관리 방안 등 스마트 도시 모델에 대해서는 사실 거의 알려진 바가 없다(Söderström et al., 2014). 스마트 도시계획을 직접 수립하는 일선 현장에서는 "스마트 도시에 깊이 발을 담근 기업의 홈페이지에서만 장밋빛 천국이 펼쳐져 있다

---

[1] 스마트 도시협회 홈페이지(http://smartcitysolutionmarket.com/menu/27/view.do).

(Hollands, 2016: 169)"는 사실을 금세 알게 된다.

학술로써 스마트 도시학은 명료하지 않고 실무로써 참고할 만한 스마트 도시계획 교본은 존재하지 않는다. 이러한 가운데 지방자치단체 스마트 도시계획 수립 관계자들은 스마트 서비스 수요자인 시민과 공급자인 기업이 대면하는 최전선에 마주 닿곤 한다. 이들은, 계획 수립 과정에서, 어두운 동굴 속에서 무수한 애로에 당면하며 한 발짝씩 걸음을 딛고 있다. 스마트 도시가 잠깐의 유행이 아니라면, 이제부터라도 스마트 도시계획 수립 현장 경험을 서사로 한 지방자치단체 관점의 담론 형성이 필요하다. 이 글에서는 스마트 도시계획 수립 과정에서 겪은 개인적 혼돈을 공유하고 지방자치단체의 스마트 도시계획이 정착되기 위한 전환적 과제를 풀어쓴다.

2. 지방자치단체 스마트 도시계획 진단

지방자치단체에서 수립하는 스마트 도시계획은 크게 보아 법정계획과 공모계획으로 구분된다. 법정계획은 '스마트 도시 조성 및 산업진흥 등에 관한 법률(약칭: 스마트 도시법)'의 절차 및 규정에 입각하여 수립되는 계획이다. 공모계획은 국가정책사업으로 매년 국토교통부에서 각 지방자치단체의 계획을 응모 받아 사업을 지원하는 계획이다.

스마트 도시법에서 규정하고 있는 법정계획은 두 가지이다. 첫째, 스마트 도시법 제8조(스마트 도시계획의 수립 등)의 규정에서 정하고 있는 계획으로 다수 지방자치단체의 가장 보편적인 스마트 도시계획이다. 수립권자는 특별시장·광역시장·특별자치시장·특별자치도지사·시장 또는 군수이다. 수립한 계획은 심의를 거쳐 국토교통부장관의 승인을 받아야 한다. 현재는 정부 출연 연구기관인 건축공간연구원에서 '헬프 데스크'라는 이름으로 전문가

〈그림 4-1〉 스마트 도시계획(법정계획) 수립 지방자치단체

주: 건축도시공간연구소 내부 자료, 스마트시티솔루션마켓 홈페이지, 언론보도 자료 종합.

자문을 거쳐 심의 의견서를 지방자치단체에 전달하는 형태로 심의 및 승인 절차가 운영 중이다. 2017년 스마트 도시법 개정 이후 현재까지 국토교통 부장관의 심의단계를 거치거나 혹은 승인을 완료한 단체는 광역에서 인천 시, 광주시, 대전시 및 기초에서 평택시, 광명시, 춘천시, 김해시, 부천시, 시 흥시, 고양시, 광양시, 창원시, 안양시, 포항시, 하남시, 화성시, 남해군, 고 령군 등이 있다.

둘째, 스마트 도시법 제35조(국가시범도시의 지정 등)의 규정에서 정하고 있는 계획으로 위의 제8조에 근거한 스마트 도시계획에 비해 특수한 스마트 도시계획이다. 지방자치단체의 장의 요청에 따라 국토교통부 장관은 요건을 충족하는 지역을 국가시범도시로 지정하고 계획의 수립 및 행·재정 지원을 가능하게 하고 있다. 따라서 국가시범도시는 국가 주도 계획의 성격을 띠면서도 그 발단은 지역 스마트 도시계획에 있다. 현재 세종, 부산의 일부 구역을 국가시범도시로 지정하여 계획수립 및 사업을 위한 국비가 투입되고 있다. 한편 스마트 도시법 제29조에서는 스마트 도시 특화단지를 중앙행정기관의 장 및 지방자치단체의 장과 협의하여 지정하고, 국토부장관이 단지조성에 필요한 행정, 재정, 기술 등에 관한 사항을 지원할 수 있도록 규정하고 있으나 아직 추진한 사례는 없다.

　공모계획은 지방자치단체에서 국고를 지원받기 위해 국가정책사업의 기준에 맞추어 수립하는 계획이다. 제4차산업혁명위원회(2018)의 스마트 도시 추진 전략을 토대로 도시 성장 단계별로 공모가 이루어지고 있다. 기존 도시 및 기성 시가지에는 2018년 추진된 테마형 특화단지, 2019년 신설된 스마트시티 챌린지를 통합하여 2020년부터 스마트챌린지 사업이 추진되고 있다. 스마트챌린지 사업은 시티(대규모)-타운(중규모)-솔루션(소규모)형으로 구분하여, 규모에 따라 국비를 차등 지원한다. 우리나라 도시의 대부분이 기성 시가지인 만큼 스마트챌린지 사업이 대표 공모사업이라 할 수 있다. 스마트 챌린지 사업 외에는 쇠퇴 지역을 대상으로는 스마트시티형 도시재생사업이 있다. 스마트 버스정류장 등 단품의 스마트 솔루션을 재생사업 지구에 도입하는 특성이 있다. 한편 2022년부터는 신규 또는 재개발지구 개발사업을 대상으로 지역 스마트 거점을 조성하는 스마트 도시건설사업을 지원하는 지역거점 스마트시티 조성사업 등이 새롭게 추진되고 있다.

3. 스마트 도시계획 수립을 둘러싼 혼돈

필자는 충청북도의 2018년 스마트시티 테마형 특화단지 마스터플랜, 2021년 스마트시티 챌린지 계획에 참여하였고 2023년 청주시 스마트 도시계획 수립 현장의 일선에 있었다. 건축공간연구원 주관의 지방자치단체 스마트 도시계획 자문을 하며 다수 지방자치단체의 계획을 접하였다. 그 과정에서 겪은 지방자치단체 스마트 도시계획 수립의 혼돈과 애로를 다음과 같이 모았다.

1) 계획 수립 체계의 혼돈

많은 이들은 민관 합작의 4차 산업혁명 이행기에 행정 일선의 일사불란한 스마트화 전략이 실천되고 있다고 전망할 수 있다. 그렇지만 스마트 도시 조성의 최전선에 위치한 지방자치단체 관계자들은 스마트 도시 자체를 쉽게 정의하기조차 어려울 만큼 당대 스마트 도시학이 정립되어 있지 않다는 사실에 혼돈을 겪으며 스마트 도시계획에 나서고 있다.

스마트 도시에 대한 정의만 해도 국제기구, 각국 정부, 다국적기업 및 학계에서 최소한 116개 이상이라는 보고가 있다(ITU, 2014: 14~53). "ICT를 전략적으로 활용하고자 의식적으로 노력하는 모든 도시(Angelidou, 2014: 53)" 정도의 학계에서 보편적으로 합의 가능한 정의는 스마트 도시계획 일선에서 활용도가 떨어진다. 법적 정의 또한 스마트 도시 자체에 대한 질문을 낳게 한다. 우리 스마트 도시법에 따르면 "도시의 경쟁력과 삶의 질의 향상을 위하여 건설·정보통신기술 등을 융·복합하여 건설된 도시기반시설을 바탕으로 다양한 도시 서비스를 제공하는 지속가능한 도시"가 스마트 도시이다. 이 정의로는 당장 우리 도시가 스마트 도시인지 아닌지도 가늠하기 어렵고,

어떤 도시 서비스가 스마트 도시 서비스인지 구분도 어렵다. 예컨대 무인민원발급기를 들어보자. 무인민원발급기는 스마트 도시 서비스의 하나일까? 그렇다면 왜 어떤 스마트 도시계획에서는 계획의 대상으로 삼지는 않을까? 일선 현장에서는 이런 꼬리를 무는 의문이 있다. 실제 녹색 도시, 혁신 도시 등의 여러 유서 깊은 도시 사조에 비해 스마트 도시학은 학술 역사가 일천하고 공고한 이론체계를 갖고 있지 못하다.

불비한 스마트 도시학의 여건으로 말미암아 일선 현장에서는 계획의 수립체계를 구축하는 단계부터 혼돈에 쌓인다. 주된 쟁점은 스마트 도시계획이 스마트에 방점이 있는지, 도시계획에 방점이 있는지에 대한 것이다. 그로 인해 생겨나는 애로는 스마트 도시계획의 소관부서를 정하는 문제로 이어진다. 한편에서는 구글 등 글로벌 IT 기업이 스마트 도시화를 주도한다는 논리로 정보통신 유관부서가 주관을 맡아야 한다는 주장이 있다. 다른 한편에서는 도시 기반시설의 지능화는 도시계획 부서의 고유 업무라는 주장이 있다. 양자를 교차하여 다룰 수 있는 조직체계를 구축한다면 이상적이겠지만 사무의 분장이 명확한 행정당국에서는 쉬운 일이 아니다. 우여곡절 끝에 소관부서가 정해지더라도 소관부서 변경 의제가 지속적으로 대두되곤 한다. 결과적으로 전국 지방자치단체의 스마트 도시 소관부서는 양자 사이에 적당히 걸쳐 있다.

전담 부서 지정의 혼돈과 같은 맥락에서 스마트 도시계획 수립 전문기관 발굴의 문제가 이어진다. 도시 전문가와 정보통신 전문가 중 누가 스마트 도시계획의 적임자 계층인지에 대해서 의견이 분분하다. 도시학과 정보통신 기술에 대한 융합적 이해가 필요한데, 두 분야를 교차하여 이해하는 계획 지원기관·기업은 희소하다. 스마트 도시계획 전문기업으로 국내 서너 개 업체가 대표적으로 거론되는데, 모두 서울에 위치한다. 상황이 이렇다 보니 이 몇몇 기업에서 그간 전국 시군 스마트 도시계획을 집중적으로 수주하였다.

이들은 지역의 실정을 깊이 이해하지 못하기 때문에 해당 시군 맞춤형 계획을 도출하지 못하고, 전국 지방자치단체는 비슷한 스마트 도시계획을 갖게 되었다.

2) 계획 목적의 혼돈: 아프리카 가젤이 된 스마트 도시계획

맹목적 경쟁에 사로잡혀 본래의 목적을 상실해 버리는 현상을 일컬어 "아프리카 가젤(Springbok) 현상"이라고 한다. 아프리카 가젤은 달리기 속도가 무척 빠르다. 그래서 천적들에게 잘 잡히지 않는다. 그런 아프리카 가젤의 떼죽음이 목격되었다. 일군의 아프리카 과학자들이 아프리카 가젤의 습성을 관찰했다. 아프리카 가젤은 무리를 지어 풀을 뜯는다. 이때 뒤에서 풀을 뜯던 녀석이 더 많은 풀을 뜯기 위해 앞으로 나선다. 앞에 있던 녀석이 그 자리를 지키고자 그보다 더 빨리 앞으로 나가려 한다. 선두가 뒤엉키며 무리 전체에 속도가 붙는다. 옆 녀석이 뛰니 다른 녀석도 뛰기 시작한다. 그러는 과정에서 수백 마리가 풀을 뜯겠다는 당초의 목적을 잃는다. 그저 사력을 다한 달리기 그 자체가 목적이 된다. 무리의 선두가 절벽을 만나 떨어진다. 달리기 경쟁 자체가 목적이 된 가젤은 방향을 바꾸지 않고 뒤이어 절벽을 향해 달린다. 가젤 떼죽음에 대한 관찰의 결과이다.

이 아프리카 가젤 현상이 스마트 도시계획 최전선에 드리워져 있는 것 같다. 스마트한 도시로 조성하기 위해 많은 공을 쏟기보다 스마트하게 보이는 도시를 만드는 방안 찾기에 더 많은 노력을 쏟는다. 우리 도시의 어떤 지점과 부문에서 스마트 도시계획이 필요하고, 어떤 미래상을 달성하기 위해 스마트 도시계획이 필요한지에 대한 본질적인 고찰이 생략된 채 다른 도시들을 쫓아 스마트 도시계획에 무작정 나선다는 생각이 든다. 그리고 스마트 도시를 향한 본질적 노력 대신에 지방자치단체의 스마트 도시계획 관계자들은 그럴싸해 보이는 솔루션을 찾아 '핫한' 대기업이나 혁신기업 등 기술기업을 찾아 그들의 기술을 우리 도시에 이식할 방안 찾기에 몰두하는 모습을 종종 목격한다.

그 과정에서 지방자치단체 스마트 도시계획을 수립하는 많은 관계자들은 아프리카 가젤이 되고는 한다. 기대했던 기술기업은 우리 도시에 꼭 필요한 기술을 가지고 있는 경우가 드물고, 기술 도입에 따른 기대 효과가 불투명한 경우가 다반사일뿐더러, 우리 도시가 아닌 다른 도시에 넣어도 무방한 솔루션임에도, 종국에는 그들의 기술을 채택하는 일이 빈번히 반복된다.

그 배경에는 지방자치단체의 관심사가 국비 확보에 몰입되어 있기 때문이다. 중앙정부의 공모 외에 지방자치단체에서 그럴듯한 스마트 서비스를 시현할 수 있는 재원의 확보는 요원하다. 경쟁을 속성으로 하는 공모계획서 작성의 과정에서 유명한 기술기업을 끌어들이는 전략은 보험을 드는 것과 유사한 안정감을 관계자들에게 준다. 비록 그 기술이 우리 도시에 꼭 적합하지 않은 것임에도 말이다.

중앙정부 공모를 목적으로 하는 스마트 도시계획은 시민, 기업 등 이해당사자의 협력에 근거한 상향식 계획의 철학을 수용하기에 한계가 매우 크다. 공모는 기본적으로 경쟁을 바탕으로 하고 주어진 시간이 짧다. 내실 있는 스마트 도시 생태계를 구축하고 시민체감적 스마트 도시 서비스를 구축할 시간이 없다. 차라리 당국의 정책 시류 혹은 그럴듯해 보이는 대기업이 보유한 솔루션에 우리 도시의 스마트 서비스를 맞추게 될 공산이 크다. 예컨대, 유명한 통신사나 대기업을 찾아 그들이 보유한 솔루션 범위 안에서 우리 도시에 적용할 방향을 찾는 식이다. 그로써 스마트 도시계획은 당초의 목적을 잃고 수단이 목적이 되어버린 결과를 낳곤 한다.

3) 예술품과 같은 스마트 도시 솔루션

　많은 사람들은 스마트 도시 이미지를 서로 다르게 상상하곤 한다. 어떤 이는 중후장대한 스마트 도시의 이미지를 그린다. 도로의 시설물과 자동차가 통신하여 자율로 주행하고, 무인의 항공체가 모빌리티 수단으로 출현하며, 로봇이 사람 대신 배달의 전선에 나서는 모습을 상상한다. 어떤 이는 경박단소한 스마트 도시의 이미지를 그린다. 모바일 기기로 나의 건강을 진단하고, 계산대를 거치지 않아도 과금이 이루어지고, 지역상권에 대한 충분한 데이터를 통해 업종을 추천받는 모습을 상상한다. 심지어 어떤 이는 녹색 도시의 이미지를 스마트 도시의 이미지로 그린다. 2018년 출장길에 만난 노르웨이 스마트시티 유관 기관 관계자는 "나무가 많은 도시가 스마트 도시"라고 답했다.

　중후장대한 모습부터 나무가 많은 모습까지, 현재 스마트 도시는 천 가지는 될 법한 다양한 얼굴로 상상되고 있다. 무수한 스마트 도시의 이미지는 스마트 도시계획 수립 과정에서 계획가 등 관계자들에게 큰 혼돈을 불러오곤 한다.

　스마트 도시계획 수립 과정에서 겪은 필자의 개인적 경험이다. 국토교통부에서 주관하는 스마트시티 테마형 특화단지 마스터플랜 수립 지원 국가정책사업에 선정된 즈음이었다. 제법 어려운 경쟁 과정을 거쳐 선정된 터라 착수보고회 때에 자신감이 충만했다. 그 기운을 받아 "여러분들의 도시를 스마트 도시로 탈바꿈하겠습니다"라고 발표했다. 그런데 돌아온 시민 참석자들의 반응은 뜻밖이었고, 계획 자체에 대한 혼돈을 불러내었다. 그들의 응답은 "스마트 도시계획 예산으로 마을 곳곳에 돋아난 풀부터 깎는 게 좋겠다"는 것이었다. 당시 참석자들은 큰 비용이 들고 실현 가능성이 불투명한 중후장대한 스마트 도시의 이미지를 상상하였노라고 후에 말하였다. 이후 시민

협력은 크고 무겁기보다는 작고 즉시 시행 가능한 스마트 서비스를 수단으로 현존하는 도시문제의 해결책을 제시하면서 이루어졌다. 그렇게 스마트 도시계획의 실타래를 풀면서 계획의 말미를 맞았다. 최종보고회 무렵 다시 자신감이 충만한 상태로 "시민들이 원하는 스마트 도시를 계획하였습니다"라고 발표했다. 그날 참석자 중 일부는 "더 큰 상상력이 담긴 계획이 될 수 없을까 … 소설가를 동원해서라도"라고 평했다.

녹색 도시, 혁신 도시 등의 여타 도시계획은 실행 가능한 재원의 확보 측면에서 이견은 있지만 실행 수단 자체에 대한 혼돈은 드물다. 반면 스마트 도시계획에서 제시하게 되는 실행 수단인 서비스는 예술품 평가와 유사한 측면이 있어 보인다. 보기에 따라 호불호가 매우 갈린다. 누군가에게 호의적인 서비스는 또 다른 누군가에는 그리 호의적이지 않는다. 그 이유는 스마트 도시에 대한 이미지가 저마다 매우 상이하여, 계획을 통해 달성하고자 하는 스마트 도시의 모습을 모두 다르게 떠올리기 때문이다.

4) 스마트 도시계획에서 시간의 애로

국토계획 표준품셈에서 권고하는 스마트 도시계획의 수립기간은 8개월이다. 8개월 정도의 시간은 어떤 측면에서는 짧고, 어떤 측면에서는 긴 이중성을 띤다.

각계 의견을 수렴하고 이해당사자 간 조정을 통해 완결된 실행 전략과 재원의 조달 방식까지 마련하기에는 턱없이 부족한 시간일 수 있다. 어떤 지역이나 한 가지 이상 가지고 있는 버스정보시스템, 공공 무선인터넷 구역 등 유용한 스마트 유산의 발전 방안을 모색하기에도 짧은 시간이다. 특히, 공기청정기, 승강기, 운동용품 등 지역 내 입지한 제조업체를 스마트 도시 산업 생태계로 포섭하며 도시와 산업이 상호 발전하는 스마트 생태계를 구축하기에는 매우 짧은 시간일 수 있다.

　그런데 다른 한편으로 기술은 8개월 사이에도 큰 변화를 불러일으키기 때문에 그 시간은 매우 긴 시간일 수도 있다. 개인적으로 겪은 경험은 자전거 계획이다. 계획 수립 초입인 2018년 상반기에 우리는 공유자전거를 하나의 스마트 도시 서비스로 구상하였다. 그런데 계획이 마무리되어 가던 시점 전국 주요 도시에 공유전기자전거 바람이 불기 시작했다. 쏘카, 카카오 등 모빌리티 기업의 자회사들이 서울 신촌, 인천 송도에 관련 서비스를 출시하기 시작했고 큰 반향을 일으켰다. 우리 팀은 결국 계획을 완전히 수정하게 되었다. 공유자전거 계획과 공유전기자전거 계획은 서비스 제목에 "전기"라는 단어가 단순히 더 붙는 문제가 아니었다. 우리 팀은 전기 콘셉트에 맞게 시설계획과 운영계획을 계획 막판에 새로 수립할 수밖에 없었다.

　즉 스마트 도시계획을 추진하는 일반적 계획기간은 계획의 절차적 정당성을 확보하기에는 짧은 시간이지만, 기술의 진보성 측면에서는 매우 길 수 있는 시간이다. 계획 수립 기간 동안에도 기술의 변화로 인해 당초 구상한 계획이 수정되는 상황이 벌어지는데, 5개년 계획으로 수립되는 계획의 시간적 범위는 결과적으로 계획의 존재 이유에 대한 의구심과 혼돈을 갖게 한다.

4. 지방자치단체 스마트 도시계획의 과제: 마스터플랜 계획을 넘어

　지방자치단체에서 수립하는 작금의 스마트 도시계획은 위와 같은 혼돈과 애로에 놓여 있다. 그렇다면 향후 혼돈과 애로를 어떻게 해소할 수 있을까? 궁극적으로는 오랜 역사와 함께 스마트 도시의 이론적, 기술적 진보가 이루어져야 할 것이다. 단기적 침술을 검토한다면 계획 수립 방식의 전환을 들 수 있다. 스마트 여건이 부상함에 따라 우리는 인습적으로 행했던 양식을 바꾸어야 한다. 그런데 스마트 도시계획은 스마트 여건을 다루고 있음에도 불구하고 계획사에서 오래된 모더니즘 사조를 대변하는 마스터플랜 계획수립 방식을 따르고 있다. 모더니즘 계획에서 계획가는 하늘에서 대지를 내려다보는 시선을 갖고 사회 전반의 미래상을 예견하여 종합적으로 가장 합리적인 상을 제시하는 보고서를 발간한다. 같은 방식으로 스마트 도시계획가는 약 1년 남짓한 계획 수립기간 동안 당대 존재하는 스마트 도시 서비스를 목록화하여 주민 등 이해당사자들의 의견을 수렴하여 서비스 도입 우선순위를 도출하고 재원별, 연차별 시행계획을 제시하는 마스터플랜을 내놓는다.

도시, 정보통신 및 제4차 산업혁명의 각종 기술이 복잡한 양상으로 전개되는 여건에서 시시각각 변하는 기술을 온전히 파악하고 몇 년 뒤의 미래상과 기술을 예견하여 지방자치단체에서 이행 가능한 이상적인 계획을 수립하기는 사실상 불가능에 가까워 보인다. 한두 개 분야에서 적합한 계획을 낼수는 있겠지만, 도시를 구성하는 제 분야 전반을 두루 아우르며 향후 몇 년간의 연차별 시행계획까지 온전히 담기는 어려울 것이다.

실제 스마트 도시 관련 각종 마스터플랜에서 스마트 도시 정의, 내용, 행위자의 경계는 모호하게 그려진다. 전국 시군의 스마트 도시계획의 내용은 상당히 획일적이며, 지역 맞춤형의 스마트 도시계획의 사례는 찾기 어렵다. 예술품처럼 보는 이에 따라 스마트 도시 서비스의 선호가 달라 결과물의 품질을 예단하기가 어려워, 대규모의 예산을 집행하여 현실화하기도 어렵다. 기술 진보 속도가 빨라 계획수립 기간 중에 이미 계획한 서비스가 구식이 돼버리기도 한다.

향후 마스터플랜 계획 수립방식을 넘어 스마트 사회 여건에 부합하는 계획 수립방식의 전환이 이루어져야 할 것이다. 스마트 사회의 핵심어인 실시간성, 초연결성 등이 계획의 방식에 녹아들어야 한다. 그 실험은 이미 암스테르담 등 스마트 도시 선진 도시에서 이루어지고 있다.

2018년 4월 암스테르담 스마트 도시 재단(Amsterdam Smart City, 이하 ASC)을 방문했다. 당시 정부정책 사업으로 수립하던 스마트시티 「테마형 특화단지 마스터플랜」 수립을 위한 연구진들의 선진지 시찰 일환이었다. 그곳에서 한국에 몇 차례 방문한 코넬리아 딘카(Cornelia Dinca) 팀장을 만났다. 당시 우리가 수행하던 연구의 제목에 '스마트 도시 마스터플랜'이라는 단어가 명시되어 있었던 터라, 이른바 스마트 도시계획의 선진지로 부상한 암스테르담의 스마트 도시 마스터플랜 보고서를 정중하게 요청하였다. 그때 딘카 팀장의 답변은 우리를 무척 당혹스럽게 했다. 스마트 도시계획의 최우수 도시의 하나로 알려져 있는 암스테르담에는 소위 '마스터플랜'이 존재하지 않는다는 단호한 답변이 돌아왔기 때문이다.

암스테르담의 스마트 도시계획가들의 계획 철학은 "실천하며 배우기(Learning by doing)"로 요약할 수 있다. 그들은 목표 지향의 스마트 도시화는 성공하기 어렵다고 인식한다. 스마트 도시 서비스는 시시각각 변화하는 여건에 부응해야 하기 때문에 목표 지향보다는 실천하고 그 과정에서 배우고, 다시 실천하는 과정 지향 계획이 중요하다고 본다. 마스터플랜을 정립한 경우 목표 달성을 위해 상당히 기술 지향으로 담론이 흐를 공산이 크고, 그 경우 역설적으로 주민들이 흥미를 느끼지 못하는 경우가 많아 프로젝트가 실패한 경우가 많다는 진단이다. 따라서 시 당국의 스마트 도시 육성을 위한 역할은 민간 주도의 스마트 도시 관련 프로젝트가 자생할 수 있도록 치어리더 역할 정도가 적합하다고 그들은 인식하고 있었다. 과정 지향의 계획은 전통적인 도시계획 수법과는 차이가 있어 목표 지향적인 전통적 도시계획가 그룹과 과정 지향의 스마트 도시 코디네이터 간에는 일정 수준의 견해차가 있고, 암스테르담 내에서도 두 그룹 간에 적절한 긴장의 관계가 있다고 한다(홍성호 외, 2019). 암스테르담에서는 마스터플랜 보고서의 역할을 재단 홈페이지가 대신한다. 홈페이지에는 기술기업들의 아이디어가 실시간으로 올라

오고, 시민들은 댓글을 주고받으며 아이디어를 발전시킨다. 기술기업 간, 기술기업과 시민 간 발전한 좋은 계획에 대해서는 재단이 사업비를 직접 투자한다. 계획을 소규모로 빠르게 집행하고, 문제가 발견되면 계획을 신속히 수정한다.

암스테르담 방식의 스마트 도시계획의 수립 및 집행 체계가 현존하는 지방자치단체 스마트 도시계획의 한계를 모두 극복할 수는 없을 것이다. 특히 스마트 시티 생태계가 열악한 소규모 도시에서는 이행 과정이 순탄하지 않을 수 있다. 그럼에도 우리 도시에 적합하지 않은 스마트 도시 서비스로 가득 차고, 계획 수립 후 집행기엔 이미 구식이 되어버리는 서비스로 가득 찬 마스터플랜보다는 암스테르담 방식이 스마트 사회 여건에 부합하는 미래적인 계획 방식임은 분명하다. 마스터플랜 방식을 넘어 스마트 사조에 부합하는 전환적 스마트 도시계획 수립체계를 모색하여 혼돈과 애로에 둘러싸인 지방자치단체의 스마트 도시계획이 건실한 방향으로 정립되기를 제언한다.

참고문헌

홍성호·윤영한·오상진·정용일. 2019. 「실천하며 배우기, 암스테르담 스마트시티의 교훈」. 충북연구원 ≪이슈앤트랜드≫, 37권, 58~61쪽.

Angelidou, M. 2014. "Smart city policies: A spartaial approach." *Cities*, Vol.31, pp.S3~S11.
Hollands, R. 2008. "Will the Real Smart City Please Stand Up?." *City*, Vol.12, No.3, pp.303~320.
Hollands, R. 2016. "Beyond the corporate smart city?: Glimpses of other possibilities of smartness." in Marvin, S. et al.(eds). *Smart Urbanism*. London: Routledge.
ITU, 2014, *Smart sustainable citieis: An analysis of definitions*.
Söderström, O., T. Paasche, and F. Klauser. 2014. "Smart cities as corporate storytelling." *City*, Vol.18, pp.307~320.

5장
스마트시티의 경제와 지역 산업생태계의 역할

김묵한

　스마트시티의 시장에 대한 전망은 장밋빛이다. 스마트시티가 '21세기 최초의 신산업'(타운센드, 2018)이 되리라는 말은 지금 돌이켜보면 다소 과장이었을지 모른다. 하지만 초연결성과 자동화로 대표되는 4차 산업혁명의 도래는 여러 우려에도 불구하고 스마트 인프라 부문에서 향후 40년간 '대고용'이 일어날 것이라는 전망(≪중앙일보≫, 2017.9.12)은 아직 굳건하다. 최근에는 예전과 같이 독자적인 스마트시티 시장이나 산업이 새롭게 성장하리라는 전망은 상대적으로 수그러들었지만, 스마트시티 시장이 그리 멀리 않은 미래에 주요한 산업 진흥과 일자리 창출의 원천이 되리라는 전망은 변하지 않았다. 오히려 4차 산업혁명의 테스트베드이자 플랫폼으로서 스마트시티를 바라보는 보다 세련된 시각이 스마트시티와, 그리고 스마트시티의 경제적 효과와 연관된 전망에서 점차 주류가 되어왔던 것이 최근의 흐름이다.

　프로스트 앤 설리번은 2013년에 이미 2020년까지 전 세계적으로 스마트시티 시장은 1.5조 달러에 육박하리라고 전망했고, 2018년에는 이 5년 후인 2025년까지 2조 달러 시장을 넘어설 것이라는 전망을 내놓았다(Frost & Sullivan, 2013; 2018). 시장 규모 못지않게 주목해야 할 부분은 성장성이다.

프로스트 앤 설리번은 분야별로 차이는 있겠지만 스마트시티 시장의 연평균 성장률은 10~20%로 고속 성장한다는 점을 강조한다. 테크나비오의 전망은 이를 뛰어넘어 2020년 스마트시티 시장은 22.52% 성장할 것이라는 예측치를 내놓았고, 심지어 앞으로 이런 추세는 더 가속화되어 2020년에서 2024년 동안 연평균 성장률 23%를 넘는 것도 가능하다고 전망했다(Technavio, 2020).

신도시로서의 스마트시티에 대한 중국과 인도 등지의 강력한 정책적 요청이 이러한 스마트시티의 성장의 주요한 동력 중 하나인 것은 주지의 사실이다. 하지만 이에 더불어 현재 지구에서 가장 권력과 부가 밀집되어 있는 공간인 세계도시의 스마트시티로의 전환 또한 큰 역할을 맡고 있다. 프로스트 앤 설리번은 2025년까지 적어도 26개의 세계도시가 스마트시티로 바뀔 것이며, 이들 중 절반은 개도국이 아닌 북미와 유럽의 세계도시가 될 것이라고 내다보았다(Frost & Sullivan, 2013; 2018). 테크나비오도 향후 5년간 전체 스마트시티 성장의 40%가 유럽에서 비롯될 것으로 전망하였다(Technavio, 2020).

하지만 이러한 스마트시티 전체 시장의 전망이 개별 스마트시티의 경제 성장과 어떻게 이어질 수 있을지에 대한 논의는 상대적으로 부족한 실정이다. 스마트시티의 '경제'가 주요한 요소여야 한다는 인식은 2000년대 후반 정도가 되면 비교적 뚜렷하게 나타난다(Shapiro, 2006; Giffinger et al., 2007). 최근에는 실제 구성에서는 차이를 보이지만 스마트 생활, 주민, 환경, 협치, 교통, 인프라, 서비스 등과 더불어 스마트 경제를 스마트시티의 주요한 개념적 요소로 꼽는 공감대가 비교적 확고하게 형성되었다(Anthopoulos, 2017).

하지만 실제 내용에 있어서는 기술과 혁신이 도시의 경제발전과 성장을 추동해야 한다는, 혹은 새로운 경제기반을 갖추어야 한다는 데 초점이 맞춰져 있었고, 이는 1990년대 스마트시티라는 용어의 용법 중 하나였던 하이

〈그림 5-1〉 스마트시티 개념체계 예시

스마트 주거

스마트 경제

스마트 시민

스마트 사람

데이터

스마트 도시

ICT 기반시설

도시 물리적 기반시설(수도, 전기,

(등통교)

계획과 거버넌스

스마트 서비스

스마트 환경

스마트 거버넌스

자료: Anthopoulos, 2017.

테크 산업 클러스터 유치를 통한 경제발전 전략의 반복이라고 해도 과언이 아니었다(Söderström et al., 2014).

국내의 '스마트시티 법'에서 이야기하는 스마트시티 산업 진흥에 대한 내용도 이러한 논의를 상당 부분 전제하거나 반영하고 있다. 즉, 스마트시티와 관련된 새로운 일련의 산업군이 존재하고, 이러한 신산업군의 성장이 도시의 경제발전을 추동할 것이라는 논리이다.

문제는 이러한 스마트시티 혹은 스마트시티 시장이나 산업의 전반적인 성장이 지역으로서의 스마트시티의 경제발전에 어떻게 도움이 되는지에 대한 논리가 빈약하다는 데 있다. 스마트시티에 대한 공공과 민간의 투자는 분명 새로운 시장을 만들어낼 수 있다. 그런데 이러한 시장에서 창출되는 비즈니스가 꼭 투자된 스마트시티에서 발생하리라는 보장은 없다. 새로운 스마트시티를 건설하는 산업군의 산업생태계가 지역에 국한될 것이라고 볼 수 없기 때문이다.

새로운 산업 클러스터의 조성이나 유치에는 시간이 걸린다. 그 때문에 스마트시티를 건설하는 데 필요한 새로운 스마트시티 기술과 제품을 생산하기 위해서는 우선적으로 기존의 산업생태계를 활용할 수밖에 없고, 이는 스마트시티로 인한 경제발전이나 성장 또한 기존의 산업구조와 공간적 분포에 의존적이 될 가능성이 높음을 시사한다.

'유시티 건설법'에서 '스마트시티 조성 및 산업진흥법'으로 전면 재편되면서 법령상 스마트시티 서비스와 산업 지원에 대한 내용이 추가되었으나 실제 시장 형성이나 지원체계 구축에 대한 부분은 여전히 다소 미비한 채 남아있다. 또한, '산업진흥'이 명시되었음에도 법령상 '스마트 도시산업'이 무엇인지에 대한 부분은 명확히 정의된 바가 없어 산업정책으로의 연계 또한 여의치 않은 상황이다.

스마트시티를 산업 측면에서 정의하기는 쉽지 않아 보이지만, 스마트시티를 만드는 기업에 대한 논의는 스마트시티 논의 초기부터 있어 왔다(타운센드, 2018; Halegoua, 2020). 스마트시티 건설자에 대한 논의만 해도 해외의 경우에는 대규모 테크 기업이 비즈니스로서 스마트시티 개발을 통해 도시를 장악한다는 이슈가 상당한 무게감을 가지고 다루어지고 있다(Söderström et al., 2014). 반면 국내에서는 공공, 특히 정부 중심의 스마트시티 사업이 중심이 되는 한편 민간의 참여를 제도적으로 제한하고 있어 이에 대한 이슈가 특별히 부각되는 상황은 아니다.

국내 상황에서 좀 더 유의미한 논의는 스마트시티를 소유하는 기업이 아니라 만드는 기업에 대한 논의가 아닐까 싶다. 즉, 누가 스마트시티의 '공급자'인가 대한 이슈이다(Navigant Research, 2016). 스마트시티는 초기부터 다국적기업의 제안에서 비롯되었던 역사를 가지고 있고, 현재도 스마트시티 솔루션을 총괄적으로 관리할 수 있는 역량을 갖춘 기업은 시스코, 지멘스, 마이크로소프트, IBM 등 전 세계적으로도 소수에 불과하다(Halegoua, 2020).

다만 스마트시티 공급자의 기업 생태계는 다국적기업이 중심이 되던 구조에서 다국적기업뿐만 아니라 다양한 기술과 제품 및 서비스를 갖춘 스타트업과의 협력이 중요시되는 구조로 변화하고 있다. 이는 스마트시티가 곧 행정의 디지털화로 여겨지던 초기와는 달리 도시문제를 해결하는 다양한 스마트시티 솔루션을 필요로 하는 최근의 추세와 관련이 있다.

예를 들어, CB인사이츠는 2019년 스마트시티 관련 통신, 모빌리티, 에너지, 주차, 쓰레기, 교통, 환경 센서, 안전, 도시계획 등의 영역에서 200개 이상의 스타트업이 활동하고 있음을 보여준 바 있다(CBInsights, 2019). 소수의 기업이 스마트시티 토탈 솔루션을 공급하던 시기에서 대기업과 스타트업의 네트워크가 스마트시티 건설을 책임지는 시대로 변화하고 있으며, 이러한 맥락에서 스마트시티 산업 혹은 혁신 '생태계' 모형이 의미를 가지게 되는 상황이다.

국내에서의 스마트시티 건설 또한 이러한 추세를 반영하지 않을 수 없었다. 스마트시티 건설을 위해서는 초고속 인터넷망 건설과 유시티 사업을 통해 조성된 도시 인프라 위에 스마트시티 플랫폼을 넘어 도시 관리 및 서비스에 필요한 솔루션을 공급받아야 하는 상황이었고, 이는 대기업뿐만 아니라 중소기업과 스타트업의 참여 없이는 성립할 수 없는 모형이었다.

현재 제도상에서는 해외와는 달리 테크 기업이 스마트시티 건설을 도맡아 수행하는 사례를 찾기 어렵기 때문에, 실제 스마트시티의 건설은 지방정부가 사업을 발주하고 기업이 솔루션을 공급하는 형태로 추진되었다. 스마

〈그림 5-2〉 스마트시티 스타트업 예시

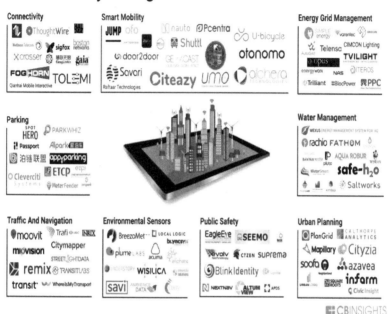

자료: CBInsights, 2019.

트시티법이 개정되고 나서 스마트시티 사업을 본격적으로 수행한 이후 수립된 첫 종합계획인 '제3차 스마트시티 종합계획'(2019)에도 이와 같은 솔루션 발주 및 공급 현황과 이러한 네트워크가 왜 스마트시티 건설에 있어 핵심적인 과정인지 밝혀두고 있다.

정부는 이러한 지자체-기업 간 솔루션 매칭을 장려하고 이를 통한 스마트시티 건설 촉진과 시장 확대를 목적으로 2019년 '스마트시티 솔루션마켓'을 오픈하였다. 초기에는 스마트 도시협회회원사 위주로 등록이 이루어졌으나 여타 기업의 경우에도 솔루션 마켓 가입은 개방되어 있으며 별도의 등

록 신청을 받지 않았더라도 기존 거래 자료에 있는 기업 데이터를 포함시켰다.

솔루션 매칭이라는 실용적인 목적 외에 현재까지 유시티나 스마트시티와 관련하여 집행된 기록이 있는 지자체-기업 간 솔루션 거래 데이터를 찾아 분석해 볼 수 있도록 해준다는 점에서 학술적으로도 의미가 있는 공개 데이터베이스이다.

여기서의 논점은 스마트시티 사업이 시행되는 지역에 스마트시티 경제 성과가 남을 것인가 하는 점이다. 달리 말하면, 중앙정부의 스마트시티 사업이 추진되는 지자체에 혹은 그 인근에 있는 기업이 해당 사업의 솔루션 공급자로 선정되는 비율이 높은가 하는 내용이기도 하다.

현재 다소 단기적, 물리적 사업 위주의 국내 스마트시티 사업은 도시문제

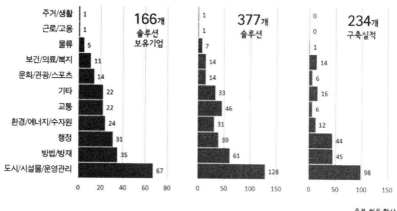

〈그림 5-4〉 스마트시티 솔루션 보유기업, 솔루션, 구축실적 유형별 분포

중복 허용 합산

에 대한 솔루션을 개발하기보다는 이미 솔루션을 확보한 기업과 협력하여 사업을 수행해 내는 방식으로 수렴하는 경향을 보이고 있다. 이는 스마트시티 관련 산업군의 현 산업구조를 반영할 가능성을 높이는 요소이다. 지역마다 지역에 필요한 솔루션 기업을 모두 보유하고 있지는 못하기에, 이런 기업들이 이미 있는 지역의 산업 생태계에 솔루션을 의존하게 되고 덕분에 현재 산업구조와 공간 분포를 재생산하게 될 가능성이 커진다.

〈그림 5-4, 5-5, 5-6〉은 2020년 1월 기준으로 스마트시티 솔루션 마켓에 등록된 데이터를 추출하여 최종적으로 정리된 총 166개의 솔루션 보유기업과 234개의 구축실적을 대상으로 분석한 결과이다. 스마트시티 솔루션 마켓은 솔루션이 적용되는 도시문제 유형을 11개로 구분하고 있으며 이 중 도시/시설물/운영관리, 방범/방재, 행정 등의 솔루션을 제공하는 기업과 실제 구축 실적이 높게 나타났다.

스마트시티의 시장은 결국 솔루션을 제공하거나 구매하는 인구의 함수이거나 기업의 함수이다. 즉, 다른 요인이 작용하지 않는다면 지역의 인구 규

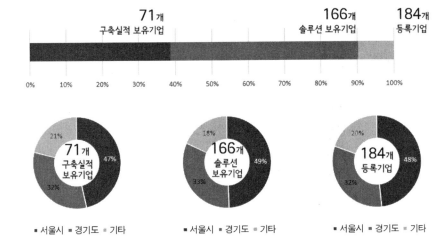

〈그림 5-5〉 스마트시티 솔루션 기업의 분포

모나 기업 규모가 시장의 규모와 비례할 확률이 높다. 인구나 기업이 고르게 분포되어 있을수록 이러한 가설이 들어맞을 확률은 높다. 하지만 분석 결과는 이와는 큰 차이를 보였다. 스마트시티 솔루션 제공 기업의 약 80%가 서울과 경기에 자리 잡고 있었으며, 서울만의 비중도 거의 절반에 육박했다. 인구에 있어서도 기업에 있어서도 서울의 수치적 비중은 전국 대비 20% 내외로 나타나니, 스마트시티 시장 외에 다른 요인이 작용하고 있다고 보는 것이 타당할 것이다.

전체 184개 등록기업 중 솔루션을 실제 보유한 기업은 166개였고 구축실적을 보유한 기업은 71개에 그쳤는데, 어떤 기준을 쓰건 서울과 경기 비중은 유사하게 나타났다. 이는 실적으로서의 과거 추세에 이어 보유와 등록으로 대변되는 현재와 미래 추세에서도 현재의 구조가 크게 변화하지 않을 것을 시사하는 결과이다.

비중과 더불어 솔루션을 공급하는 기업이 솔루션을 필요로 하는 지자체

<그림 5-6> 스마트시티 솔루션 지자체-기업 매칭 행렬

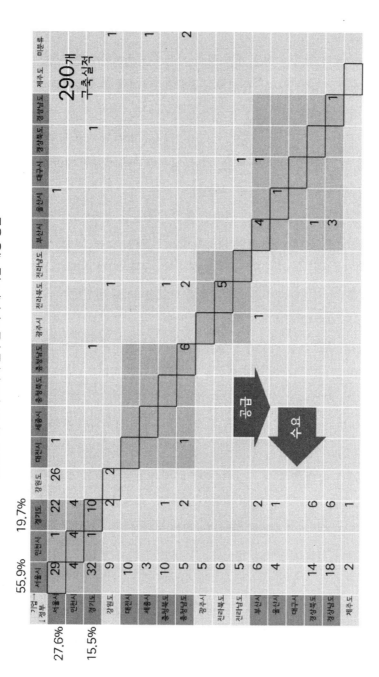

와 공간적으로 인접하고 있는지에 대한 내용도 추가로 검토해 보았다. 〈그림 5-6〉에서 각각의 행은 개별 광역 지자체를 의미하며 열은 해당 지자체 내 입지한 기업을 의미한다. 전체 구축실적 290개를 분석하였을 때 지자체-기업 매칭이 가장 많이 발생한 지역은 서울-서울, 경기-서울, 서울-경기 순으로 나타나 수도권 내 매칭이 두드러졌다. 그 밖에도 개별 광역권 내 구축실적보다 서울-강원, 경북-서울, 경남-서울과 같이 수도권 내외를 연결하는 구축실적이 상대적으로 높게 나타났다.

정리하자면 스마트시티와 관련된 솔루션의 공급 면에서도 서울과 경기로 대변되는 수도권의 집중성이 뚜렷하게 나타난다. 이는 스마트시티의 시장이 열리는 초기 수요에 있어서 현재까지의 추세는 지역 스마트시티 산업 기반을 형성하기보다는 기존 산업구조와 산업생태계를 반영하는 데 그치고 있다는 사실을 간략하지만 강하게 시사한다.

스마트시티 전체 시장의 성장은 분명 기회이겠지만, 이러한 시장의 팽창이 개별 스마트시티의 경제발전을 보장하지는 못한다. 오히려 스마트시티 사업으로 창출된 초기 시장은 기존의 불균등한 산업 구조에 따라 재분배되어 스마트시티 사업이 진행되는 도시의 경제에는 단기적인 영향력을 행사하는 데 그칠 가능성이 높아 보인다. 스마트시티 투자가 중장기적인 지역경제의 토대가 되기 위해서는 스마트시티 시장 성장의 과실이 지역에 머무를 수 있도록 하는 산업 기반의 형성이라는 측면과 병행되어야 할 필요가 있다.

결국 스마트시티 사업이 스마트시티에 경제발전을 가져다주라는 법은 없다. 스마트시티 사업으로 촉발되는 스마트시티 시장이라는 기회를 지역에서 꽃피울 수 있도록 하기 위해서는 '지역' 스마트시티 산업기반 생성 혹은 산업생태계 조성이라는 과제는 장기적인 안목을 필요로 하며, 이는 스마트시티 조성 단계뿐 아니라 운영과 발전 단계까지를 전망하는 계획을 구상해야 한다는 당위이기도 하다.

참고문헌

국토교통부. 2019. 『제3차 스마트시티 종합계획』.

《중앙일보》. 2017.9.12. "제레미 리프킨 단독 인터뷰 "자동화로 인한 실업 두려워 말라, 인간은 다음 단계로 발 내딛는 것"". https://www.joongang.co.kr/article/21929695

타운센드, 앤서니. 2018. 『스마트시티, 더 나은 도시를 만들다』. 엠아이디.

Anthopoulos, L. G. 2017. "The rise of the smart city."

Batty, Michael. 2018. *Inventing Future Cities*. The MIT Press.

CBInsights. 2019. "What are smart cities?". https://www.cbinsights.com/research/what-are-smart-cities/

Frost & Sullivan. 2013. *Strategic Opportunity Analysis of the Global Smart City Market*.

_____. 2018. "Frost & Sullivan experts announce global smart cities to raise a market of over \$2 trillion by 2025." https://ww2.frost.com/news/press-releases/frost-sullivan-experts-announce-global-smart-cities-raise-market-over-2- trillion-2025/

Giffinger, R. C., H. Fertner, H. Kramar, R. Kalasek, N. Pichler-Milanovic, and E. Meijers. 2007. *Smart cities: Ranking of European medium-sized cities*. http://www.smart-cities.eu/download/smart_cities_final_report.pdf

Green, Ben. 2019. *The Smart Enough City*. The MIT Press.

Halegoua, Germaine. 2020. *Smart Cities*. MIT Press.

Navigant Research. 2016. *Navigant Research Leaderboard Report: Smart City Suppliers*.

Shapiro, J. M. 2006. "Smart cities: Quality of life, productivity, and the growth effects of human capital." *The Review of Economics and Statistics*, 88(2), pp.324~335.

Söderström, Ola, Till Paasche and Francisco Klauser. 2014. "Smart cities as corporate storytelling." *City*, 18(3), pp.307~320.

Svobodová, Libuše, and Dorota Bednarska-Olejniczak. 2020. "SMART city and economy: Bibliographic coupling and co-occurrence" in M. Hatting et al.(Eds.). *I3E 2020, Lecture Notes in Computer Science 12066*. Springer, pp.102~113. https://doi.org/10.1007/978-3-030-44999-5_9

Technavio. 2020. *Global Smart City Market 2020-2024*.

스마트시티 솔루션 마켓 http://smartcitysolutionmarket.com/

6장
상하이 푸동신구의 스마트 도시 건설*

박 철 현

1. 서론

스마트 도시에 관한 논의는 주로 첨단 정보통신기술을 도시 인프라 건설에 적용하여 각종 도시문제를 해결하고 도시주민의 삶의 질을 향상시킬 수 있다는 긍정적인 측면에 집중된다. 하지만 스마트 도시에 대한 비판적 접근은 국내외를 막론하고 소수이다. 비판적 접근은, 장밋빛 전망만이 있는 것이 아니라는 점을 지적하면서, 정보통신기술이 편리하고 풍요로운 미래를 가져올 것이라는 가정에 의문을 제기하고 국가와 사회 및 국가와 개인 사이의 권력관계를 포함하는 도시 거버넌스라는 측면에서 스마트 도시를 분석해야 한다고 주장한다(타운센드, 2018; Greenfield, 2013; Hollands, 2008).

현재 급속한 도시화를 경험하고 있는 중국에서도 스마트 도시 실험지역이 전국적으로 이미 500개를 넘어설 정도로 스마트 도시에 대한 관심은 높

* 이 장은 박철현, 「중국 개혁기 사회관리체제 구축과 스마트시티 건설: 상하이 푸동신구의 사례를 중심으로」. ≪공간과 사회≫, 59(2017), 39~85쪽을 본 단행본 주제에 맞춰서 대폭 수정하여 실은 것입니다.

다. 이러한 스마트 도시 건설에 대한 중국 측 연구들은 주로 정부의 주민 행정서비스의 품질 제고와 정부의 업무효율 제고를 통한 지속가능하고 경쟁력 있는 도시 건설에 초점을 맞추어 매우 낙관적이고 긍정적인 관점을 지니고 있는 것이 대부분이다.[1] 중국 측 선행연구에 기초해 볼 때 중국에서 스마트 도시는 다음과 같은 의미를 가진 것으로 분석된다.

첫째, 중국에서 스마트 도시는 개혁기 새로운 사회정치적 조건에 대응하여 정부가 사회관리체제를 전환시키기 위해서 채택한 테크놀로지이다. 새로운 사회정치적 조건이란, '단위체제'의 약화 및 해체, 대규모 유동인구 유입, 주민의 인구학적 이질성 증가, 인구 증가와 사회의 다원화로 인한 정부의 업무량 증가 등이다.[2] 둘째, 스마트 도시 건설은 다음과 같은 두 가지로 집중된다. 하나는 사회관리의 주체가 되는 정부의 능력을 정보통신기술의 활용을 통해 제고하는 '스마트 정부(智慧政府) 건설'이다. 나머지 하나는 스마트 정부 주도로 주민들의 실제 거주지역에서 효율적인 사회관리체제를 건설하는 '스마트 사구(智慧社區) 건설'이다. 이렇게 보면 현재 중국에서 스마트 도시에 관한 연구는, 스마트 도시를 체제전환기에 국가가 달라진 사회정치적 조건에 대응하여 사회관리체제를 변화시키는 과정에서 채택한 테크놀로지로 인식하고, 스마트 정부와 스마트 사구 건설을 통해서 인민에 대한 정치적 조직과 동원을 최대한 유지하는 것에 초점을 모으고 있는 것이다.[3]

---

[1] 중국 측 연구는 대체로 다음과 같은 세 가지 분야로 나뉜다(肖易澌·孫春霞, 2012). 스마트 도시에 관한 이론적 연구, 스마트 도시 건설전략에 관한 연구, 스마트 도시 건설효과 평가시스템 구축에 대한 연구.
[2] 단위체제에 대해서는 2절을 참고.
[3] 물론 스마트 도시 건설이 개혁기 새로운 사회관리체제 구축을 위한 테크놀로지라는 사회정치적인 목적만 있는 것은 아니다. 본문에서 살펴보듯이, 관련 산업의 발전을 통한 경제적 이익의 창출과 주민들에 대한 보다 효율적 공공서비스의 제공이라는 목적도 분명 있다. 하지만 스마트 도시 건설의 이러한 경제적 기능적 목적은 스마트 도시를 건설하려는 다른 나라들에서도 마찬가지로 존재한다.

본 연구는 중국이 사회주의 계획경제에서 탈사회주의 시장경제로의 점진적 체제전환을 장기간 지속해 왔다는 배경 속에서 사회정치적 의미에 초점을 맞추어 중국 스마트 도시 건설의 실제 사례를 분석하도록 한다.

이를 위해서 본 연구에서는 중국 스마트 도시 건설의 지역적 특징에 주목하고자 한다. 개혁기 중국의 경제적 분권화와 이로 인한 사회경제적 발전의 다양화로 인해서, 사회관리체제도 해당 지역의 상황에 적합한 방식으로 구축되고 있다. 스마트 도시 건설의 목적이 사회관리체제 구축이므로, 스마트 도시 건설은 당연히 해당 지역에서 구축되고 있는 사회관리체제의 특징을 반영하고 있다. 이 연구에서 주목하는 지역은 상하이이다. 그 이유는 상하이가 다른 도시 및 지역들에 비해서 앞서 언급한 스마트 도시 건설의 목적 중에서 사회관리체제의 구축이라는 측면이 보다 뚜렷이 부각되고 있기 때문이다. 상하이는 높은 유동인구 비중과 인구학적 동질성 약화로 인해서 다양한 배경을 가진 대규모 인구를 관리해야 할 필요성이 강하게 제기되고 있으며, 그러한 필요성을 충족시켜 주는 테크놀로지가 바로 스마트 도시이다.

2. 사회관리체제 변화와 스마트 도시 건설

1) 단위체제 해체와 사구 건설

중국은 개혁기에 들어선 지 20년이 되어가던 1990년대 중후반부터 과거 사회주의 시기 국가가 도시사회를 관리하던 핵심적인 기제였던 단위(單位)가 약화·해체되기 시작하자 이를 대체할 사구(社區)를 구축해 왔다.

단위는 도시 노동자가 소속된 직장을 의미하는 것으로 크게 국가기관단위, 사업단위, 기업단위로 나뉜다. 사회주의 시기(1949~1978) 중국인에게 있어서 단위는 단지 생계를 위한 수입을 확보하는 직장 이상의 의미를 가진 것이었다. 단위는 그 내부의 당 조직을 통해서 정치적으로는 단위 구성원들을 조직·동원했고, 사회경제적으로는 단위 구성원에게 식량, 문화, 의료, 위생, 주택, 교육 등 인간이 생활하는 데 필요한 사실상 모든 것을 제공했다. 1990년대 중국 도시지역이 국유기업 개혁을 통해서 본격적인 변화를 겪게 되고 시장이 모든 자원을 배분하는 핵심적인 기제로서 부상하면서, 중국 도시 주민의 삶을 지배하던 단위가 점차 약화 혹은 해체되기 시작하자, 도시에서 단위를 대체해서 등장한 사회관리체제가 바로 사구이다.[4]

거주지역에 기초한 사구는 국가의 최말단 행정권력인 가도판사처(街道辦事處), 주민들의 명목상 '자치' 조직인 주민위원회(居民委員會), 주택소유자 조직인 업주위원회(業主委員會), 모든 주민들에 의해 선출된 대표들로 구성되는 조직으로 원칙적으로는 '자치' 조직인 주민대표대회, 사구에서 필요한 각종 사회적·경제적 역할을 담당하는 중개조직 등으로 구성된 기층의 사회관리체제로 해당 관할지역의 도시주민을 그 관리 대상으로 한다. 사구의 등장은 무엇보다도 사회주의 시기 단위가 약화·해체되면서 단위가 기존에 담당하던 정치적·경제적·사회적 기능 중 사회적·경제적 기능의 상당 부분을 '시장'이 담당하게 되자, 국가가 기존과 같은 직장(=단위)이 아니라 거주지역에 기초하여 주민을 정치적으로 조직하고 동원하기 위한 새로운 사회관리체제가 등장했다는 것을 의미한다.

중요한 것은 이러한 사회관리체제의 변화는 전적으로 도시 국유기업 개

---

4   국가가 사회를 정치적으로 조직하고 동원하는 것을 내용으로 하는 '사회관리' 개념에는 사구를 제외하고도 노동과 사회공작(社會工作: social work) 등이 포함되나, 본 논문에서는 사회관리의 대상을 사구로 제한하기로 한다. 그 이유는 스마트 도시 건설의 내용이 주로 사구와 지방정부로 집중되기 때문이다. 단위의 성립과 해체, 내부구조와 작동원리, 변화와 해체 등 전반적인 내용에 대해서는 다음의 연구를 참고: 백승욱, 2001; 李路路·李漢林, 2000; 田毅鵬·漆思, 2005; Bray, 2005.

혁에 따른 단위체제 해체의 결과만은 아니고, 개혁기 농촌을 떠나서 도시로 이주하여 노동에 종사하는 농민공(農民工)의 급속한 증가도 중요한 배경이 된다는 사실이다. 즉 1980년대에 농촌개혁을 통해서 농촌의 잉여노동력이 농업에서 '해방'되었고, 1990년대 도시 국유기업 개혁으로 기존 도시주민 노동자의 대규모 정리해고가 이뤄지면서, 이들을 대체할 저임금 노동력의 수요가 발생하여 농민들이 도시로 이동하는 주객관적인 조건이 마련된 것이다. 사회주의 시기는 물론 1990년대 전까지만 해도 거의 도시호구 소지자만 거주하던 중국 도시는 농민공의 대규모 유입으로 인하여 주민의 '인구학적 동질성'이 약화되고, 국유기업 개혁 과정의 노동자 정리해고로 기존의 단위체제도 약화 및 해체되면서, 국가는 새로운 사회관리체제로서 사구를 건설하기 시작한 것이다.

2) 체제전환기 중국에서 스마트 도시 건설과 상하이 푸동신구

중국이 스마트 도시를 어떻게 인식하고 있는지는 2011년 9월 베이징에서 "스마트 도시 건설, 사회관리 창신(建設智慧城市, 創新社會管理)"을 주제로 개최된 국제도시포럼(國際城市論壇)에서 명시적으로 드러난다. 이 포럼에서 중앙당교(中央黨校)의 당위원회 위원이자 조직부 부장 자오창마오(趙長茂)는, "과학적 집정(科學執政)"의 관점에서 사회관리의 과학화 수준을 제고하기 위해서 스마트 도시의 건설이 필요하다는 점을 강조하고 있다. 특히 그는 스마트 도시 건설은 "단지 하드웨어 기초설비 건설을 위주로 하는 도시개조공정"이 아니고, 오히려 "도시시스템을 새로이 만드는 과정"이어야 한다고 지적한다. 또한 그는 현재의 사회관리 방법은 급속한 경제발전과 사회변화의 속도를 따라가지 못하고 있으므로, 스마트 도시를 단지 생산력 발전만이 아니라 생산관계 발전으로 인식함으로써 사회관리의 이념과 방식을 변혁시킬 필요가 있다는 점을 강조한다. 자오창마오로 대표되는 관방(官方)의 인식에 있어서 스마트 도시 건설의 중요한 목적은 체제전환기 과학적 사회관리체제 구축인 것이다.[5]

2012년에는 중국 최초의 "스마트 도시 시점명단(智慧城市試點名單)"이 발표되어, 전국적으로 60개 도시가 스마트 도시 건설을 위한 실험지역으로 선정되었다. 특히 중요한 것은 2014년 발표된 「신형도시화계획(新型城鎭化規劃) 2014-2020」에도 스마트 도시가 신형도시화의 주요 내용이자 신형도시화 실현의 주요 수단으로 설정되었다는 사실이다. 이 중 인프라와 테크놀로지의 향상과 관련된 것을 제외하면, 스마트 도시 건설의 목적은 공공서비스 효율 제고, 관련 산업 발전, '사회치리(社會治理)'의 정밀화이다.[6] 신형도시화 자체가 개혁기에 발생한 경제와 사회의 다양한 문제들을 해결하려는 국가 차원의 거대한 기획이라는 점에서 볼 때, 스마트 도시는 이러한 문제들을 사회관리의 정밀화, 공공서비스 효율 제고, 관련 산업발전에 의해서 해결하려는 것이라고 볼 수 있다.

앞서 살펴보았듯이, 인구의 자유로운 이동이 공식 금지되던 사회주의 시기와 개혁기 초기까지 단위체제에 의해서 일정하게 유지되던 도시의 '인구학적 동질성(demographic homogeneity)'이 1990년대 도시지역 개혁의 본격

---

5   이 포럼에서는 개혁기 체제전환 과정에서 기존 사회 안정을 뒤흔드는 위기의 부상에 대응하기 위해서 과학기술의 성과를 충분히 수용하여 사회관리체제를 혁신시킬 필요가 있다는 점이 강조된다. 이 포럼의 자세한 내용은 다음을 참고: 本刊時政觀察員, 2011.
6   사회치리는 개혁기 국가가 과거와 같이 사회를 일방적으로 통제하는 방식으로는 사회의 여러 가지 문제들을 해결할 수 없기 때문에, 사회가 문제 해결에 공동으로 참가할 것을 요구하게 되면서 생겨난 개념이다. 따라서 사회치리는 사회를 일방적 관리의 대상으로만 인식하는 '사회관리'와는 일정한 차별성을 지니고 있다. 하지만 아직까지 중국 측 연구문헌에도 사회치리와 사회관리를 엄밀하게 구분하게 사용하고 있지는 않고 혼용하는 경우가 많을 뿐 아니라, 모든 문제 영역에서 국가가 '치리'로써 기존의 '관리'를 대체하고 있는 것은 아니기 때문에, 본 연구에서는 사회관리를 사회치리까지 포함하는 개념으로 사용하고자 한다. 관련 연구는 다음을 참고: 백승욱 외, 2014.

화에 의해서 급속히 약화되자, 단위체제를 대체하여 기층사회를 관리할 수 있는 사회관리체제인 사구건설이 시작되었다. 스마트 도시는 이렇게 사구를 중심으로 하는 사회관리체제의 테크놀로지라고 할 수 있다. 따라서 도시 상주인구 중 유동인구 비중이 높고, 기존 주민과 유동인구가 잡거하는 비중이 높은 도시일수록 인구학적 이질성이 높은 사구이므로 사회관리의 정밀화라고 하는 스마트 도시 건설 목적에 더욱 부합하는 도시인 것이다.

본 연구의 분석 대상인 상하이는 베이징, 항저우, 광둥 등 다른 대도시들과 비교해서 다음과 같은 차별성을 가지고 있다. 첫째, 상주인구 중 유동인구 비율이 높은 점에서 다른 대도시들과 비슷하지만, 절대 상주인구 규모에 있어서 상하이는 압도적이다. 공식통계에 따르면 상하이 상주인구는 2015년 2415.27만 명이다. 둘째, 중요한 점은 상하이는 개혁기 초기인 1988년 이미 호적인구가 1000만 명이었고, 유동인구는 100만 명으로 호적인구의 1/10에 불과할 정도로, 기존 주민의 비중이 매우 높았다는 사실이다(蔡晨程, 2009). 이것은 사회주의 시기는 물론 개혁기 초기부터 상하이는 인구학적 동질성이 매우 높고 절대숫자도 매우 큰 주민집단들이 단위체제에 의해 조직되어 존재하고 있었다는 사실을 의미한다. 또한 이후 시장화 개혁의 심화에 의해 대규모 유동인구가 이주해 오고 상주인구 중 그 비중도 증가하여 기존 주민들과 잡거하지만, 그와 동시에 기존 호적인구도 계속 증가하여, 상하이시 호적인구(戶籍人口)는 1433.62만 명으로 전체 상주인구의 59.35%이다.[7] 셋째, 따라서 대규모 유동인구가 존재하지만, 그보다 훨씬 많은 대규모 기존 주민집단들도 존재하며, 동시에 양자(兩者)가 잡거하고 있다는 점에서 상하이는 광둥의 도시들과는 일정한 차별성을 가진다. 넷째, 본 연구의 분석 대상인 푸둥지역은 1992년 '국가급 신구(國家級新區)'로 지정된 이후 대량의 유

[7] http://live.wallstreetcn.com/livenews/detail/316581(검색일: 2016년 10월 19일)

동인구가 유입되었고, 동시에 당시 진행되고 있던 도심인 푸시(浦西)지역의 재개발로 양산된 대량의 철거민들이 유입되었다. 그 결과 푸동지역에는 과거 푸시지역의 단위체제에 소속되어 높은 인구학적 동질성을 가졌던 철거민들과 경제적 유인에 의해서 이주해 온 유동인구가 기존 주민인 농민들과 잡거하기 시작했고, 이후 이 지역의 인구는 지속적으로 증가했다. 따라서 단위체제의 해체와 유동인구 유입이라는 기층사회의 변동에 대응하기 위해서 구축된 새로운 사회관리체제인 사구를 기초로 행사되는 테크놀로지가 스마트 도시라고 한다면, 대규모 기존 호적인구 주민, 대규모 유동인구, 그리고 양자(兩者)의 잡거라는 특징이 강하게 드러나는 상하이 푸동지역은 중국 스마트 도시 건설의 이념에 가장 부합되는 지역이라고 할 수 있다.[8]

3. 스마트 정부와 스마트 사구 건설: 상하이 푸동 모델

1) 스마트 정부

(1) '대연동(大聯動) 네트워크'

상하이의 스마트 도시 건설의 노력은 푸동신구를 스마트 도시로 건설하려는 '스마트푸동(智慧浦東)'에서 나타난다. 사회관리 측면에서 볼 때 스마트푸동은 사회관리의 주체인 정부와 대상인 사구에 각각 스마트 정부와 스마트 사구를 건설하려는 노력으로 나타난다. 먼저 스마트 정부 건설에 대해서

---

8   물론 푸동지역은 도시가 아니라 농촌이었기 때문에, 단위체제가 존재했던 곳은 아니다. 하지만 1990년대 푸시 재개발과 국유기업 개혁에 따른 단위체제 해체로 기존 주민들이 철거민으로 전락하여 푸동지역으로 이주했기 때문에, 이들 주민들은 기존 단위체제의 인구학적 동질성을 일정하게 유지한 채로 푸동지역으로 이주했다고 볼 수 있다.

알아보기로 하자.

상하이는 사회관리에 있어서 공안(公安), 공상(工商), 문화, 위생, 문화 등 여러 부문들 사이의 효율적 업무협조를 위해서 '구(區)정부' 층위에서 종합적인 '연동중심(聯動中心)' 건설이 강조되고 있다. 이것은 시장화 개혁의 심화와 함께 정부의 특정 업무 부문만이 아니라 여러 부문들이 동시에 업무 협조를 위해서 처리해야 하는 복합적인 성격의 사회문제들이 날로 증가하는 상황인데도 불구하고, 실제로는 단일한 업무 부문의 수직적 지휘계통에 따라 이러한 문제들을 처리함으로써 사회관리의 효율성이 낮아지는 결과를 초래했다는 현실 인식이 그 배경이 되었다. 따라서 여러 부문들 사이의 업무협조를 강화하기 위해서는 구정부 층위에 '사회관리 연동중심(社會管理聯動中心)'을 설치하고, 그 아래 가도판사처 층위와 사구 층위에 각각 '연동분중심(聯動分中心)'과 '연동공작참(聯動工作站)'을 설치하고, 각 층위의 연동중심에서 사회관리에 관계하는 여러 업무 부문들 사이의 효율적 업무협조관계를 실현한다는 것이다. 여기서 구정부는 구정부-가도판사처-사구로 이어지는 '대연동(大聯動) 네트워크'를 지휘하는 정점에 위치한다(董幼鴻, 2013).

이러한 대연동 네트워크는 경제발전과 사회변화가 초래한 사회관리의 위기 요소에 상하이 정부가 대처하기 위한 것으로, 스마트 정부 구축을 통해서 비로소 현실화된다. 왜냐하면 각 층위의 대연동 네트워크에서 여러 부문들 간의 효율적 업무협조를 도출해 내기 위해서는 현실에서 끊임없이 발생하고 있는 사회관리의 위기 요소들을 자동적으로 탐색, 포착, 분류, 전달하는 과학기술의 도움이 필수불가결하기 때문이다.9 이렇게 스마트 정부 구축에 의해 비로소 가능해지는 대연동 네트워크는 다음과 같은 의미를 가진 것으로

---

9 여기서 사회 안정의 위기 요소들은 앞서 지적한 다섯 가지 모순과 아홉 가지 분쟁들이 현장에서 구체적인 형태로 드러나는 것으로, 집단시위, 농성, 거리행진, 공공기관 습격, 절도, 폭행 등을 가리킨다.

분석된다.

첫째, 수동적 사후 대응에서 적극적인 예방조치로의 변화이다. 실제로 사회관리 문제들이 발생하는 현장을 직접 담당하고 있는 구정부 층위에 공안 부문의 업무처리 계획을 세우고 사안에 따라서 다른 부문과의 협조를 통해서 장기적 종합적 네트워크를 구축한다는 것이다.

둘째, 구정부가 대연동 네트워크의 중심이 되어서 가도판사처와 사구를 지휘하는 것을 기본으로 하고, 여기에 각 직능 부문들을 사안에 따라서 연계시킴으로써, 정보자원과 법률 집행 역량을 통합하여 사회관리 능력을 제고시킨다는 것이다. 대연동 네트워크와 이를 지원하는 스마트 정부 구축의 핵심이 되는 행정층위가 '구정부'라는 사실은, 2012년 중국 최초로 '스마트 도시 기술과 표준 시험지역' 중 하나로 선정된 지역이 상하이시 전체가 아니라 '푸동신구'라는 점과도 깊은 관련성을 가진다.[10]

셋째, 스마트 정부 기술을 이용한 대연동 네트워크는 기존과는 달리 감시카메라를 이용한 정보네트워크를 구축하여 기층에서 발생하는 사회안정 위기 요소들을 탐색 및 포착하고, 내용 분류를 진행한 후, 사구-가도판사처-구정부에 전달하여 각 층위 관련 업무 부문들의 종합적 협조체계를 구축함으로써, 신속하고 효율적인 사회관리를 가능하게 한다.

넷째, 기존에는 정부가 일방적 사회관리의 단일 주체였던 것과는 달리, 스마트 정부 기술을 이용한 대연동 네트워크는 구정부가 가도판사처를 통해서 사구 층위의 공산당원, 주민위원회 간부, 주택관리회사 경비원, 자원봉사자 등 '사회'의 다양한 주체들을 동원하여 구정부의 사회관리체제 구축에 참여시킨다는 차이를 가지고 있다. 즉 도시사회의 기층인 사구에서 주민들이 사회관리의 주체로서 스마트폰, PC, 태블릿 등을 이용해서 스마트 정부 플랫

10 http://www.xj.xinhuanet.com/2013-01/29/c_114543432.htm(검색일: 2015년 12월1일)

폼에 접속하여 사회안정 위기 요소들에 관한 정보자원을 구정부-가도판사처와 공유할 수 있게 만드는 것이다.

이상과 같이 스마트 정부 기술을 활용하여 구정부-가도판사처-사구로 이어지는 대연동 네트워크를 구축하여 각 업무 부문들 사이의 효율적 업무 협조를 구축하는 것은, 기본적으로 사회안정의 위기 요소들을 선제적으로 탐색, 포착, 분류, 전달할 필요에서 나왔다.

(2) 스마트 정부 건설

2011년 푸동신구 정부가 발표한 「스마트푸동 건설강요(智慧浦東建設綱要: iPudong2015)」는 2011~2015년 시기 스마트푸동 건설계획의 주요 내용을 담고 있다. 여기서 본 연구가 주목하는 사회관리의 정밀화와 관련된 내용을 보면 다음과 같다.[11]

첫째, 기초시설, 교통, 환경, 위생 등 도시의 물리적 환경에 대한 정보를 탐지, 포착, 수집, 분류, 분석하는 '스마트감지(智慧感知)', '스마트교통(智慧交通)', '스마트생태(智慧生態)' 체계를 구축한다.

둘째, '스마트평안(智慧平安)' 체계를 구축하여, 도시의 평안(平安)시스템 수준을 제고한다. 이것은 기초시설, 교통, 환경, 위생 등과 같은 도시 물리적 환경과 달리, 기층에서의 유동인구, 긴급상황, 공공안전 등의 사안에 관련된 것으로, 단순히 방범(防犯)이나 안전사고 방지를 넘어서, 유동인구가 증가한 상황에서 기층의 '사회정치적 평안'을 저해할 수 있는 각종 요소들을 사전에 탐지, 포착, 수집, 분류, 분석하는 시스템을 앞서 언급한 GPS, GIS, 스마트태그 기술을 활용하여 구축하겠다는 것을 의미한다.

이렇게 푸동신구에서 스마트 정부는 정보통신기술을 활용하여 앞서 언급

---

11 「智慧浦東建設綱要: iPudong2015」.

한 푸동신구 정부를 정점으로 하는 대연동 네트워크에 '응급지휘플랫폼'을 구축하여 해당 사안에 따라서 종횡으로 관련 업무 부문들의 응급감시능력과 자원처리능력을 신속하게 결합할 수 있게 된다. 푸동신구에서는 사회관리의 위기에 대응하는, 도시관리, 종합치리관리, 응급관리가 단일한 플랫폼으로 재구성되어 구정부 층위에 존재하고, 다시 아래로 가도판사처와 사구로 이어지는 대연동 네트워크를 이루고 있는 것이다.[12]

2절에서 분석하였듯이, 개혁기 중국 스마트 도시 건설의 사회정치적 목적은, 단위체제 해체, 유동인구 급증, 잡거로 인한 인구학적 이질성의 가속화가 초래할 도시사회의 불안정성과 휘발성에 대처하여, 사구를 기초로 하는 도시 정부 사회관리체제의 정밀화이다. 이런 의미에서 볼 때, 구정부를 정점으로 대연동 네트워크를 구축하고 여기에 기층의 상황을 자동으로 탐지, 포착, 수집, 분류, 분석할 수 있는 테크놀로지를 결합하는 푸동신구의 스마트 정부는 그러한 목적을 구현한 전형적인 사례라고 할 수 있다.

2) 스마트 사구

(1) 상하이 사구 모델

1990년대 중후반 중국 도시 기층사회의 사회관리체제의 전환 과정에서, 사구는 해당지역의 사회정치적·경제적 조건에 따른 특징을 가지고 형성되었다는 점이 중요하다. 대량의 유동인구 유입으로 인구학적 동질성이 급속히 약화된 상하이의 경우, '낯선 주민'들을 기존 주민들과 함께 관리할 수 있는 사구를 건설하는 것이 핵심적 목표였기 때문에, 이질성이 높은 주민들 사이에 사구 구성원으로서의 소속감을 확보하고 사회정치적 불안정성과 휘발

---

12 http://news.xinhuanet.com/info/2014-05-26/c_133361785.htm(검색일: 2016년 10월16)

성을 최소화하는 것이 사회관리에 있어서 핵심적 목적이 된다.[13] 따라서 상하이에서는 구정부가 가도판사처와 긴밀한 협조체계를 유지하고 사구 운영의 기능적 효율성을 극대화하는 사구 모델이 형성되었다. 이렇게 상하이에서는 구정부가 강력한 행정역량을 동원하여 가도판사처를 통해서 사구를 직접 건설하고 관리한다는 의미에서, 이러한 사구를 '행정사구(行政社區)'라고 하기도 한다. 이 행정사구는 본래 농촌지역이었던 푸동신구 사구건설 과정에서 최초로 제기된 개념이다.[14]

상하이의 도심에 해당되는 푸시지역과는 달리 1990년대 국가급 개발구로 지정되기 전 푸동지역은 농촌이었으나, 1990년대 초중반 상하이 도심인 푸시지역의 재개발로 발생한 대량의 철거민이 푸동신구로 유입되어 주민이 되자, 푸동신구에는 새로이 유입된 이들 철거민과 유동인구 및 기존에 거주하던 농민들을 대상으로 하는 행정사구 건설이 추진된다. 당시 이렇게 국가가 주도하는 행정사구 건설이 가능했던 것은, 푸동신구가 원래 농촌지역으로 대부분의 주민들은 현지 농민이거나 푸시지역에서 양산되어 이주한 철거민 및 외지에서 이주한 유동인구로, 당초부터 도시 사회관리체제인 단위가 존재하는 도시지역이 아니었기 때문이다.[15] 즉 단위체제의 경험을 가지고 있는 철거민 출신 주민들과 새로이 상하이로 이주한 유동인구 및 현지의 농민이 잡거하는 푸동신구는, 과거부터 현지에 존재해 온 단위체제의 강력한

---

13 한편, 유동인구의 유입이 상대적으로 소규모인 동북지역의 '선양(瀋陽)'에서 성립된 사구 모델은 기존 단위체제에 속해 있던 '단위인(單位人)'을 거주지역에 기초한 '사구의 주민'으로 재편하는 데 집중했다.

14 행정사구에 대해서는 다음을 참고: 박철현, 2015.

15 물론 2장 2절에서 언급했듯이, 푸동지역은 신구 성립 이전에 농촌지역이었기 때문에 도시의 사회관리체제인 단위체제가 존재하지는 않았지만, 도심 재개발로 이주해 온 철거민들은 기존 단위체제에 속한 '단위인'들이었기 때문에, 비록 동일한 직장(=단위) 소속은 아닐지라도 인구학적 동질성이 일정 정도 확보되는 인구집단이었다고 할 수 있다. 하지만 이들이 푸동신구에서 새로이 상하이로 이주한 유동인구와 잡거를 하면서부터 인구학적 동질성은 점차 약화되기 시작되었다.

유산이 없다는 점에서, 국가가 새로운 사회관리체제인 사구를 건설하기에 유리한 조건이 형성되었던 것이다. 이렇게 푸동신구는 국가가 사구를 주도적으로 건설하기에 좋은 조건을 갖추고 있었기 때문에, 선양과는 달리 '국가주도형' 사구 모델이 형성되었던 것이다.[16]

(2) 상하이 스마트 사구 건설의 역사

2011년 1월 상하이 시정부는 업무보고에서 스마트 사구는 스마트 도시 건설의 중요한 요소로서, 도시관리, 공공서비스, 사회서비스, 주민자치 및 상호 서비스 등을 하나로 통합하는 것으로 제시했다. 또한 2013년까지 상하이시는 스마트 도시 행동계획을 실시했고, 스마트 사구를 위한 플랫폼을 상하이 17개 구와 현(縣)에 모두 설치 완료했다. 나아가 2014년 9월에는 향후 2016년까지 다음과 같은 스마트 도시 건설 행동계획을 발표한다(井曉鵬·張菲菲, 2015; 上海市智慧城市宣傳周工作小組, 2013).

첫째 인텔리전트 도시관리(智能城管)로, 교통, 토지, 환경보호 등의 부문에서 도시관리 서비스 품질과 긴급사태 대응능력을 제고하는 것이다. 이를 위해서 도시를 세분화된 '격자망(網格: grid)'으로 나눠서 관리하는 '격자망화 관리(網格化管理: grid management)'를 시행하고, 도시 전체 차원의 격자망화 관리의 플랫폼을 만들어서 도심과 근교 및 원교(遠郊)까지 포괄할 수 있도록 한다.[17] 이것은 앞서 지적한 상하이 스마트 도시 건설의 특징 중 사회관리에

---

16 이에 대해서 선양은 사구를 가도판사처보다 낮은 층위에 건설하였고, 상하이 사구 모델에 비교해서 사구의 '자치'가 상대적으로 보장된다. 상하이와 선양의 사구 모델을 비교한 연구는 다음을 참고: 박철현, 2014.

17 격자망화 관리는 최근 중국 도시관리에서 핫 이슈로 부상하고 있는 개념으로, 이에 관한 중국 측 연구들은 발전된 정보통신기술을 이용하여 도시지역에 대한 격자망화 관리가 서비스 효율과 주민 편의를 제고할 것이라는 점을 강조하고 있으며, 이러한 격자망화 관리에서 기준이 되는 단위(unit)는 바로 '사구'이다. 격자망화 관리는 2004년 10월 베이징시 동청구(東城區)에서 최초로 시작되었

해당되는데, 사구를 기본 단위(unit)로 하는 격자망을 기준으로 사회관리 위기 요소들에 대응하는 스마트 도시를 만들겠다는 것이다.

둘째, 디지털 민생(數字惠民)으로, 시민생활과 밀접한 영역에서 디지털 교육, 디지털 건강, 디지털 사구 및 농업 관련 정보화 등을 구축하여 시민생활의 품질을 개선하는 것이다. 이것은 앞서 지적한 상하이 스마트 도시 건설의 특징 중 '서비스 제공'에 해당하는 것으로 시민들이 PC, 태블릿, 스마트폰 등 다양한 채널로 접근할 수 있는 플랫폼을 만들어서 생활에 직접 관련된 서비스를 제공하고자 하는 것이다.

셋째, 전자정무(電子政務)와 전자상무(電子商務)이다. 전자는 정부정보공개와 온라인 행정처리를 강화시켜서 정부행정처리 효율과 공공서비스 수준을 제고하고자 하는 것이다. 후자는 기존 전자상무를 심화 확대하여, 비즈니스, 물류, 자금흐름, 정보흐름을 모두 온라인으로 통합하여 사이버경제와 실물경제를 결합시키는 모델을 제공한다는 것이다.

이상과 같은 네 가지 프로젝트 중 '인텔리전트 도시관리'와 '디지털 민생'은 스마트 사구 건설과 직결되는데, 푸동신구의 스마트 사구는 개혁기 이 지역의 특징을 반영하여 건설된다. 그 특징은 이 지역이 상호 이질적인 인구집단이 잡거하고 있다는 점, 도시지역과 농촌지역이 공존하고 있다는 점, 그리고 격자망화 사회관리의 필요성이 증가하고 있다는 점 등이다. 다음에서는 푸동 스마트 사구 건설을 행정사구, 진관사구(鎭管社區), 격자망화 관리라고 하는 푸동신구 사구의 특징과 관련시켜서 분석해 보도록 한다.

는데, 1km를 하나의 단위로 묶어서, 정보통신기술을 이용하여 시정공정시설과 공용시설 및 도시환경 미화와 환경질서에 대한 감독과 관리를 수행하는 것이다. 격자망화 관리의 내용과 진행 상황에 대해서는 다음을 참고: 나사기·백승욱, 2016; 陳平, 2005; 李鵬·魏濤, 2011; 王喜·范況生·楊華·張超, 2007.

(3) 푸동 스마트 사구 건설

① 행정사구

앞서 분석했듯이 푸동신구 사구의 특징 중 하나는 바로 매우 이질적인 인구집단이 공존하고 있다는 점이다. 따라서 이러한 인구학적 이질성으로 인해 발생하는 사회관리의 위기에 대응하기 위해서 구정부가 강력한 행정역량을 동원하여 가도판사처를 통해서 '위로부터 아래로(自上而下)' 사구를 건설하는 행정사구가 건설되었다. 가도판사처 주도로 역사적으로 자연스럽게 형성된 커뮤니티인 기존 자연사구(自然社區) 몇 개를 합쳐서 하나의 인위적인 사구를 만드는 행정사구는 특히 푸동신구 '루자주이(陸家嘴)'와 같이 비교적 최근에 단기간에 형성되었고 기존 주민과 새로운 이주민 등 잡거하는 지역에서 포착된다.

푸동신구에서 황푸강(黃浦江)과 접해 있는 루자주이 지역은 1990년대 푸동신구 개발과 함께 중앙정부 차원에서 중국 최초의 국가급 금융무역 중심지로 지정된 후 급속히 발전하기 시작했다. 현재 이 지역은 초고층 사무용 빌딩들이 숲을 이루고 있으며, 고급 아파트와 예전부터 있던 서민용 저층아파트가 공존하고 있다. 기존 주민을 제외한 상당한 주민들은 1990년대 중반 이후 금융무역 중심지로 개발되면서 이주한 주민들이기 때문에, 과거 이 지역에는 단위체제 자체가 존재하지 않았다. 따라서 이 지역은 구정부가 단위체제에 속한 기존 원주민들의 거주지를 사구로 바꾼 것이 아니며, 구정부가 강력한 행정역량을 동원하여 위로부터 건설한 푸동신구 행정사구의 전형성을 갖추고 있다.[18]

---

18 루자주이 사구는 1990년대 푸시지역 재개발 과정에서 생겨난 철거민들로 이뤄진 사구는 아니지만, 주민들의 대다수가 이 지역에 원래부터 거주하던 사람들은 아니고, 서로 '낯선 존재들'이라는 점에서는 주로 철거민들로 이뤄진 사구와 동일하기 때문에, 행정사구의 특징을 가지고 있다고 할 수 있다.

루자주이 가도판사처에 따르면, 루자주이 스마트 사구는 다음과 같은 특징을 가지고 있다(上海市浦東區陸家嘴街道辦事處, 2015). 첫째, 사구종합데이터베이스(社區綜合信息庫)이다. 이러한 데이터베이스는 사구 주민들에게 키워드 검색으로 제공되며, 가도판사처는 이러한 데이터베이스에 축적된 '민심과 사회상황'을 종합 분류한 후 구정부와 공유한다. 사구종합데이터베이스는 효율적 행정서비스를 제공하기도 하지만, 동시에 사회안정의 위기 요소들에 대응하기 위한 정보수집을 위한 목적으로 사용되어 구정부를 중심으로 하는 "대연동 네트워크"와 바로 연결되는 것이다. 둘째, 스마트 도시카드(智慧城市卡)이다. 이것은 기존에 주민들이 사용하는 은행카드, 신분증, 사회보험카드, 교통카드, 회원카드 등의 각종 카드를 하나로 통합시켜서 '실명제(實名制)'로 사용하는 것으로, 구정부가 사회관리와 공공서비스 제공 두 가지 목적을 위해서 사구에 도입하였다. 사구 차원에서는 사구주민신분증, 각종 자원봉사자 확인증, 주민편리서비스 등의 기능을 가지고 있어서, 유동인구가 특히 많은 상하이 지역에서 사구 주민과 외부인들을 식별하는 데 유용하게 사용될 수 있다는 점이 중요하다. 셋째, 민생종합서비스시스템(民生綜合服務體系)으로, 인터넷쇼핑, 원격화상교육, 원격건강자문 등의 서비스를 제공하는 플랫폼을 사구에 갖추고 주민들이 집에서 접근할 수 있게 하였다.

② 진관사구

진관사구는 말 그대로 진(鎭)정부가 관리하는 사구라는 뜻이다. 현재 푸동신구는 도시지역인 12개의 가도와 24개의 진을 거느리고 있다.[19] 완전한 농촌지역인 향(鄕)보다는 도시지역에 가깝지만, 완전한 도시지역인 가도와는

---

[19] http://baike.baidu.com/item/%E6%B5%A6%E4%B8%9C%E6%96%B0%E5%8C%BA(검색일: 2016년 12월30일)

구분되고, 농촌과 도시의 성격을 동시에 지닌 지역이 바로 진이다. 이렇게 보면 본래 사구는 도시지역인 가도에 소속된 하위 행정구획인데, 진관사구는 농촌과 도시의 성격을 동시에 지닌 진에서 관리하는 사구라는 의미가 된다. 앞서 설명했듯이 본래 사구는 도시지역의 단위체제가 해체되면서 이를 대체할 새로운 사회관리체제로서 제기된 것이다. 따라서 진관사구는 매우 새로우면서도 푸동신구의 특징을 잘 반영하고 있는 개념이다.

진정부가 관리하는 사구인 진관사구가 생겨난 배경은 다음과 같은 두 가지다. 첫째, 기존의 농업 위주의 경제구조가 바뀌어 제조업과 서비스업 등이 발달하고 이와 함께 대량의 유동인구가 유입되었다. 이 유동인구는 상하이시 호구가 아니라 다른 지역의 호구를 가진 외래인구(外來人口)로 주로 취업을 목적으로 푸동신구로 이주해 와서 기존 상하이시 호구소지자들과 잡거하고 있다. 둘째, 진정부 관할지역에는 농촌지역과 도시지역이 공존하고 있다. 따라서 진정부는 관할 도시지역에는 '사구'와 주민위원회를 설치하고 농촌지역에는 촌민위원회(村民委員會)를 설치하여 각각의 주민을 관리하고 있다.

이런 배경으로 인해, 대량의 유동인구의 존재와 도시와 농촌의 혼재로 인한 사회문화적 차이에서 발생하는 기층사회에서의 갈등, 마찰, 위기의 가능성을 최소하기 위해서는, 진정부의 도시지역에 기존과 같은 진정부-촌민위원회가 아니라 '진정부-사구/주민위원회'로 이어지는 새로운 행정기구체계를 만들어 진정부 주도로 사회관리를 강화한다. 이러한 사회관리에서 핵심적인 역할을 하는 것은 진정부 내부의 '공산당 공작위원회(工作委員會)'와 주민위원회 내부의 '공산당지부(支部)'이다.[20] 문제는 이러한 진관사구를 효율적으로 건설하고 관리하기 위해서는 스마트 사구 건설이 필수적이라는 점이

---

[20] 공산당 공작위원회는 도시 가도판사처에서 설치된 조직이고, 이 공작위원회가 설치하고 관할하는 하부보직이 당지부이다.

다. 푸동신구에서 좀 더 효율적이고 강력한 사회관리를 위해서 다양한 정부 업무 부문을 연계시키는 '대연동 네트워크'가 스마트 정부 건설을 통해서 비로소 현실화될 수 있듯이, 진관사구는 그 건설 목적을 달성하기 위해서 스마트 사구가 필요하다.

③ 격자망화 관리

2004년 10월 베이징시 동성구(東城區)에서 최초로 시작된 격자망화 관리는 푸동신구 스마트 사구 건설의 핵심 내용 중 하나이다. 격자망화 관리는 사구를 기본 단위로 하되 사구를 더욱 세분화된 격자망으로 나누고 개별 격자망마다 이를 관리하는 '격자망 인원(網格員)'을 배치하고, 이 인원으로 하여금 해당 격자망에서 발생하는 각종 행정서비스 수요와 주민생활 편의에 대응하는 것은 물론이고, 기층 사회관리의 위기 요소를 탐색, 수집, 보고하는 역할을 담당하게 한다. 여기서는 푸동신구에서 이러한 격자망화 관리가 스마트 사구 건설과 결합되는 양상을 살펴보자.

첫째, 격자망화 관리는 정보통신기술을 적극 활용한 스마트 사구 건설을 통해서 비로소 가능해진다. 푸동신구 스마트 사구의 격자망화 관리시스템을 구성하는 12개의 서브시스템(子系統)을 살펴보면 〈표 6-1〉과 같다(陸雲鳳, 2013).

둘째, 이러한 격자망화 관리가 스마트 사구와 결합되어 작동되는 방식은 다음과 같다. 현재 푸동신구에는 구정부에 '격자망화 관리중심(網格化管理中心)'이 설치되어 있고, 그 아래 가도판사처와 진정부에도 동일한 '격자망화 관리중심'이 설치되어 있다. 푸동신구는 2005년 말부터 격자망화 관리시스템을 만들기 시작했는데, 2007년 이후 푸동신구 전체는 모두 8545개의 격자망으로 세분되는데, 그중 7830개는 도시지역이고, 715개는 농촌지역에 해당된다.

〈표 6-1〉 푸동신구 스마트 사구 격자망화 관리시스템의 12개 서브시스템

서브시스템 명칭	기능
성관통(城管通)	격자망 인원과 감독 인원을 연결하는 모바일 플랫폼으로 감독 인원은 이것을 통해서 기층 격자망 인원이 보고한 정보를 다시 구정부 격자망화 관리중심에 보고
탄원 처리(呼吁受理)	감독 인원과 도시관리에 대한 대중의 탄원을 처리하는 시스템
협동업무(協同工作)	위성항법시스템(GPS)을 활용하여 관련 업무 부문들이 도시 기초시설을 자동으로 관리할 수 있게 하는 시스템
대형 스크린 감독지휘 (大屛幕監督指揮)	대형 스크린과 전자지도를 결합시켜서 실시간으로 사회관리업무의 처리 과정을 볼 수 있게 하는 시스템
종합통계분석(綜合統計分析)	개별 격자망에서 제기되는 각종 통계자료를 종합 분석하는 시스템
지오코딩(地理編碼)	도시지리정보를 코드화하여 컴퓨터로 처리할 수 있게 하는 시스템
기초 데이터 관리(基礎數據管理)	격자망화 관리와 관련된 각종 지도정보를 제공하는 시스템
대중 웹사이트 발표(公衆網站發布)	격자망 관리중심이 공개발표를 하는 시스템
지도부 모바일 감독관리 (領導移動督辦)	구정부 지도부가 성관통으로 보고된 정보를 모바일로 감독 관리할 수 있게 하는 시스템
영상 모니터링 관리 (視頻監控管理)	격자망에 설치된 공안 부문과 도시관리 부문의 모니터를 통해서 정보를 수집하는 시스템
구성과 보호(構建與維護)	격자망화 관리시스템을 구성하고 보호하는 시스템
데이터 교환(數據交換)	관리 부문 간의 데이터 교환을 가능하게 해주는 시스템

우선 각급 정부에 설치된 격자망화 관리중심에는 모두 240명의 감독인원이 배치되어 있는데, 가도판사처와 진정부에 소속된 감독인원들은 개별 격자망을 담당하는 격자망 인원이 모바일 플랫폼인 '성관통(城管通)'을 통해서 보고하는 정보를 '네트워크 정보수집기(網絡採集器)'를 통해서 다시 수집, 분류한 후 구정부 격자망화 관리중심에 보고하게 된다.[21] 다음으로 최상급 정부인 구정부 격자망화 관리중심에서는 개별 격자망에서 보고한 정보에 대한

---

21 '성관'은 도시관리(城市管理)의 약칭으로, '성관통'은 스마트폰, 태블릿, PC 등에 설치되어 운용되는 도시관리 플랫폼을 가리킨다.

최종적인 분석을 진행한다. 마지막으로, 분석결과에 따라 구정부-가도판사처/진정부로 이어지는 대연동 네트워크 중심을 통해서 각급 정부의 관련 업무 부문이 종합적으로 대응한다.22

셋째, 스마트 사구 기술과 결합된 격자망화 관리시스템으로 인해서, 사회 관리에 있어서 각종 정보기술을 이용한 정밀한 도시관리가 가능하게 되었고, 격자망화 관리에 있어서 각급 정부의 관련 업무 부문이 유기적으로 연결되어서 다원적이고 종합적인 대응이 가능해졌고, 기존에 구정부 지도부의 돌출적 개입이나 임의적 명령과 같은 우연적 요소의 영향력을 최소화시킬 수 있게 되었다.

넷째, 축적된 사회관리 데이터를 사용할 수 있게 되어서 기존의 정태적이고 단기적 시야에서 벗어나 동태적이고 장기적 시야를 가지고 기층의 위기 요소에 대응할 수 있을 뿐 아니라, 전체 격자망 속에서 개별 격자망을 유기적으로 연결시키는 사회관리가 가능해졌다.

다섯째, 이렇게 보면, 앞서 분석한 행정사구와 진관사구의 특징인 대량의 유동인구, 주민의 인구학적 이질성, 도시와 농촌의 혼재와 같이 기층 사회관리의 위기 유발 요소들에 직면하여, 정부 층위의 대응 기제가 대연동 네트워크를 중심으로 구축된 스마트 정부라고 한다면, 사구 층위의 대응 기제는 격자망화 관리를 중심으로 구축된 스마트 사구라고 할 수 있다(陸雲鳳, 2013).

4. 결론: 스마트 도시와 '중국적 통치성(governmentality)'

본 연구는 개혁기 체제전환의 과정에서 기존 사회주의 시기 중국인의 삶

---

22 http://www.arceyes.com/down/gisscheme/html/1235.html (검색일: 2016년 12월30일)

을 지배하던 단위가 사구로 변화하는 상황을 배경으로 해서, 최근 중국에서 급속히 확산된 스마트 도시 건설 및 관련 논의가 가지는 의미가 무엇인가라는 질문에서 시작되었다. 본 연구는 스마트 도시가 단위에서 사구로의 사회관리체제 변화에 개입하는 일종의 '테크놀로지'로서 기능한다고 보고, 사회관리의 주체와 대상인 스마트 정부와 스마트 사구에 대해서 상하이 푸동신구를 중심으로 분석했다.

푸동신구에는 다음과 같은 특징을 가진 스마트 정부와 스마트 사구가 건설되어 있다. 첫째, 정부가 강력한 행정 역량을 동원하여 위에서 아래로 사구를 건설하는 행정사구는 다른 지역에 건설된 사구 모델들과 차별성을 가지고 있다. 둘째, 진관사구도 푸동신구 스마트 사구 건설의 중요한 조건이다. 셋째, 격자망화 관리는 스마트 사구와 결합되어야 비로소 가능해진다. 푸동신구의 격자망화 관리는 격자망 인원이 다양한 정보통신기술을 이용하여 기층 격자망에서 수집한 정보를 가도판사처, 진정부를 통해서 구정부 격자망화 관리중심에 보고하고, 구정부 지도부는 다시 이것을 분석하여 대연동 네트워크를 중심으로 하는 관련 업무 부문을 연결시켜서 처리하도록 지시하는 방식으로 작동한다. 여기서 스마트 사구와 스마트 정부 기술은 핵심적인 역할을 한다.

본 연구는 폭발적으로 성장하고 있는 중국 스마트 도시를 단지 산업적 기술적 관점이 아니라, 장기적인 체제전환을 배경으로 기층 사회관리체제의 변화를 뒷받침하는 일종의 테크놀로지로 인식하고, 그러한 테크놀로지가 스마트 정부와 스마트 사구 건설과 결합되는 양상에 대한 분석에 집중하였다. 마지막으로 스마트 도시와 '통치성(governmentality)'의 관계를 시론적으로 논의함으로써 향후 심화된 연구의 출발점으로 삼고자 한다.

'통치성'이 도시 주민(인구)의 삶에 개입하는 권력이라면, 사회주의 시기 중국 도시의 정치적 조직과 동원이라는 지배를 위한 사회관리체제인 단위는 그러한 통치성을 구현하고 있었다고 할 수 있다. 이와 달리 개혁기 등장한 '사구 통치성'은 정치적 지배의 약화와 시장의 탄생을 그 조건으로 하며, 푸동신구 사례의 분석에서 보았듯이 스마트 도시는 개혁기 사구 통치성을 구축하는 데 중요한 테크놀로지로서 기능한다고 볼 수 있다.

기존 사회주의 시기 '단위 통치성'이 정치적 지배를 위한 전면적인 사회경제적 보장을 특징으로 한다면, 현재 개혁기 사구 통치성은 거주지역에 기초한 정치적 조직 및 동원과 시장에 의한 사회경제적 기능의 제공을 특징으로 한다. 기업가주의적 (지방)정부가 주도하는 스마트 도시 건설은 이러한 사구 통치성 형성에 있어서 테크놀로지로서 기능한다고 할 수 있다. 이렇게 보면 '단위 통치성(danwei governmentality)'과 '사구 통치성(shequ governmentality)'의 근본적 차이는 다음과 같다.

사회주의 시기 도시사회에서 단위의 존재는 절대적이었기 때문에, 당시 중국 도시에는 사회관리체제 측면에서 볼 때 단위 통치성만 존재했다. 사회주의 시기 중국 도시에서 단위는 단일하고 유일한 통치성의 공간이었다고 할 수 있다. 이에 대해, 개혁기 사구 통치성은 다른 통치성의 존재를 승인할 수밖에 없는 것이다. 왜냐하면 사구는 '시장과 사회'라는 조건을 전제하지 않고서는 존재할 수 없기 때문이다. 즉 사구 통치성은 개혁기에 등장한 '시장과 사회'와 같은 다른 "통치성들"과 구분되면서 존재하는 것이다. 사구 통치성은 개혁기에 등장한 복수의 통치성들 중 하나라고 할 수 있다. 따라서 스마트 도시는 개혁기 사구 통치성이라는 일종의 '중국적 통치성'을 구축하는 테크놀로지라고 할 수 있다.

참고문헌

나사기·백승욱. 2016. 「'사회치리(社會治理)'로 방향전환을 모색하는 광동성의 사회관리 정책」. ≪현대 중국연구≫, 제17집 2호.

박철현. 2014. 「중국 사구모델의 비교분석: 상하이와 선양의 사례 – 사회정치적 조건과 국가 기획을 중 심으로」. ≪중국학연구≫, 제69집.

_____. 2015. 「중국 개혁기 사회관리체제 구축과 지방정부의 역할 변화: 1990년대 상하이 푸동개발 의 공간생산과 지식」. ≪공간과사회≫, 제25권 2호, 115~152쪽.

백승욱. 2001. 『중국의 노동자와 노동정책: 단위체제의 해체』. 문학과 지성사.

백승욱·장영석·조문영·김판수, 2014. 「시진핑 시대 중국 사회건설과 사회관리」. ≪현대중국연구≫, 제17집 1호.

타운센드, 앤서니. 2018. 『스마트시티, 더 나은 도시를 만들다』. 도시이론연구모임 옮김. MiD.

董幼鴻. 2013. 「大城市社會管理機制創新面臨的困境與化解: 以上海基層城市綜合管理大聯動機制建設爲 例」. ≪理論與改革≫, 3期, 74~76.

上海市智慧城市宣傳周工作小組. 2013. 「上海打造中國"智慧城市"樣本」. ≪上海信息化≫, 1期, 12~19.

上海市浦東區陸家嘴街道辦事處. 2015. 「浦東陸家嘴: 創和諧智慧社區 促民生全面發展」. ≪建設科技≫, 17 期, 40~41.

肖易漪·孫春霞. 2012. 「國內智慧城市研究進展述評」. ≪電子政務≫, 11期, 108~112.

王喜·范況生·楊華·張超. 2007. 「現代城市管理新模式: 城市網格化管理綜述」. ≪人文地理≫, 3期, 122~125.

陸雲鳳. 2013. 「上海浦東新區城市網格化管理建設的案例分析」. 電子科技大學 碩士論文.

李路路·李漢林. 2000. 『中國的單位組織: 資源, 權力與交換』. 杭州: 浙江人民出版社.

李鵬·魏濤. 2011. 「我國城市網格化管理的研究與展望」. ≪城市發展研究≫, 1期, 141~143.

本刊時政觀察員. 2011. 「建設智慧城市 創新社會管理」. ≪領導決策信息≫, 38期, 8~9.

田毅鵬·漆思. 2005. 『"單位社會"的終結: 東北老工業基地"典型單位制"背景下的社區建設』. 北京: 社會科學 文獻出版社.

井曉鵬·張菲菲. 2015. 「基於智慧社區評價指標體系便民服務平臺評釋: 以上海"智慧閔行"爲禮」. ≪科技創 新與生產力≫, 2期, 45~48.

蔡晨程. 2009. 「改革開放以來上海人口增長趨勢及相關政策回放」. ≪上海人大月刊≫, 7期, 15.

Bray, David. 2005. *Social Space and Governance in Urban China*. Stanford: Stanford University Press.

Greenfield, Adam. 2013. *Against the smart city*. Do projects.

Hollands, Robert G. 2008. "Will the real smart city please stand up?: Intelligent, progressive or entrepreneurial." *City*, 12(3), pp.303~320.

http://www.xj.xinhuanet.com/2013-01/29/c_114543432.htm(검색일: 2015년 12월1일)

http://news.xinhuanet.com/info/2014-05/26/c_133361785.htm(검색일: 2015년 12월 1일)

http://baike.baidu.com/item/%E6%B5%A6%E4%B8%9C%E6%96%B0%E5%8C%BA(검색일: 2016년 12월30일)

http://www.arceyes.com/down/gisscheme/html/1235.html(검색일: 2016년 12월30일)

7장
스마트 도시론의 급진적 재구성*

박배균

1. 들어가며

최근 몇 년간 '스마트 도시'가 도시의 새로운 미래를 대표하는 개념으로 널리 사용되고 있다. 한국도 예외는 아니어서, 스마트 도시에 대한 논의가 최근 들어 급증하고 있다. 특히, 문재인 정부 시절에는 '스마트 도시'를 4차 산업시대의 새로운 성장 동력의 하나로 설정하고, 산업정책의 일환으로 적극적으로 스마트 도시의 육성을 도모하여, 스마트 도시에 대한 관심을 뜨겁게 만들었다.

스마트 도시론의 핵심은 정보통신기술의 급속한 진전과 인공지능, 빅데이터 등과 같은 새로운 스마트 기술의 도입을 바탕으로 도시의 자원과 공간을 더욱 효율적으로 활용할 수 있게 되어, 다양한 도시의 문제를 해결하고 도시민들에게 더 나은 삶을 제공할 수 있다는 것이다. 하지만, 이러한 스마

*   이 장은 박배균, 「스마트 도시론의 급진적 재구성: 르페브르의 '도시혁명'론을 바탕으로」, ≪공간과 사회≫, 72(2020), 141~171쪽을 수정하여 실은 것입니다.

트 도시에 대한 주류적 관점과 해석은 그 기술결정론적이고 경제중심적인 시각으로 인해 다양한 도전에 직면해 있다. 이 논문도 스마트 도시론에 대한 여러 비판적 입장들과 결을 같이 하면서, 스마트 도시에 대한 주류적 입장과 담론을 비판적으로 검토하고, 보다 급진적인 재구성을 통해 대안적인 스마트 도시 담론을 제시하는 것을 목적으로 한다. 특히, 본 논문은 한국의 스마트 도시론이 기대고 있는 제4차 산업혁명론을 비판하면서, 프랑스 도시학자인 앙리 르페브르의 '도시혁명'과 '도시사회'에 대한 논의를 바탕으로, 스마트 도시담론을 급진적으로 재구성해 보려 한다.

2. 스마트 도시 담론의 특성

1) 스마트 도시에 대한 글로벌한 담론 지형

스마트 도시는 아직 우리의 현실에 존재하는 실체가 아니라, 글로벌한 차원에서 공유되는 특정의 규범적 비전과 상상에 의해 구성된 이데올로기적 현상이다(Joss et al., 2019: 4). 특히, 기술결정주의적 관점에 기반을 둔 미래 도시에 대한 특정의 이미지가 스마트 도시 담론이 지니는 글로벌한 보편성의 핵심 요소이다. 하지만, 스마트 도시론이 특정한 이론적 공감대에 기반하거나 거대한 정치-경제적 변화의 맥락 속에서 발달했다기보다, 국가와 지역마다 상이한 정치적·경제적 맥락과 필요 속에서 다양한 경로를 통해 분산되어 성장하다 보니, 글로벌한 수준에서 스마트 도시가 논의되는 방식은 매우 분열되고 다양하여, 어떤 일관된 경향성을 보이지는 않는다(Mora, Bolici & Deakin, 2017).

스마트 도시 담론의 글로벌한 보편성은 기술결정주의적 관점에 기반한 도시의 미래에 대한 특정의 비전과 규범적 태도와 관련된다(Joss et al., 2019: 6). 특히, 스마트 도시 관련 문헌들에서 두드러지게 강조되는 것은 각종 첨단의 정보통신 네트워크와 관련된 인프라들의 개발과 활용을 통해 경제, 정치적 효율성을 증진시키고, 사회, 문화, 도시 발전을 촉진할 수 있다는 주장이다(Hollands, 2008: 307). 이러한 기술주의적 비전과 전망은 인공지능, 빅데이터, 사물인터넷, 플랫폼 등과 같은 중요 개념과 프로그램, 실천을 통해 글로벌하게 유포된다. 하지만, 이와 같은 핵심적 개념, 프로그램, 수단, 방법, 실천들은 다양한 지리, 문화, 제도적 맥락 속에서 형성된 다중심적이고 다중스케일적인 담론의 네트워크 속에서 선별적으로 차용되고, 전파되며, 재생산되어, 상이한 국가와 지역의 구체적 도시 현장에서 사용되는 스마트 도시에 대한 정의는 명확하지 않고 매우 다양하며, 실제로 구현되고 있는 스마트 도시에 대한 정책과 실천 전략도 매우 차별적이고 비일관적이다. 즉, 스마트 도시는 일종의 '글로벌한 담론 네트워크'로서, 로컬한 맥락에 뿌리를 내린 채 글로벌하게 통용되는 담론의 집합인 것이다(Joss et al., 2019: 4).

모라, 볼리치, 디킨(Mora, Bolici, & Deakin, 2017)에 따르면, 스마트 도시에 대한 논의는 1990년대 초중반에 북미와 호주에서 시작되어, 유럽, 아시아, 아프리카 등지로 퍼져갔다. 하지만 2000년대 이후 유럽의 학자들이 스마트 도시 논의에 대거 참여하여, 현재는 유럽과 미국이 스마트 도시 논의의 중심 허브로서 역할을 하고 있다. 그런데 유럽과 북미의 스마트 도시에 대한 논의는 상당한 차이점을 보인다.

스마트 도시에 관해서는 후발주자라 할 수 있는 유럽은 대학과 학자들을 중심으로 스마트 도시에 대한 논의가 진행되고 있는 반면, 미국은 학계와 더불어 IBM, 포레스터리서치(Forrester Research), 시스코와 같은 정보통신 분야의 기업들이 스마트 도시 논의를 주도하고 있다. 그 결과로 미국에서는 정보통신 분야의 기업들이 주도하는 기술중심적이고 친기업적인 스마트 도시론이 강한 영향력을 발휘하고 있다. 특히, 많은 연구들이 기술주도적 도시발전에 대한 믿음을 바탕으로 정보통신 인프라와 친기업적 환경의 구축을 스마트 도시 등장의 전제조건으로 인식하는 경향을 보인다(Hollands, 2008: 308). 또한, 친기업적 환경 조성이란 맥락 속에서 고학력, 고숙련의 전문직, 기술자, 지식노동자들을 끌어들이기 위한 기술, 문화, 교육 등이 연결된 스마트 환경의 조성도 강조되고 있다.

이러한 기술주도적이고 친기업적인 스마트 도시 담론이 팽배하는 상황을 우려하면서, 홀랜즈(Hollands, 2008)는 스마트 도시를 이데올로기적 시도이며 새로운 종류의 '기업가주의 도시'라고 비판하였다. 특히, 그는 미국의 주류 스마트 도시론의 기술중심주의, 친기업가주의 성향, 그리고 사회적·환경적 지속가능성에 대한 고려가 부족함을 지적하면서, 스마트 도시라는 이름을 앞세우고 새로운 유형의 도시성장주의, 기업가주의 도시, 성장연합 정치, 장소 마케팅이 등장하고 있다고 개탄하였다(Hollands, 2008: 308). 또한, 그는 스마트 도시라는 이데올로기의 영향으로 도시가 일반 시민들의 안녕과 복지보다는 점차 더 글로벌한 이동성을 지향하는 정보통신 기업들의 이익에 복무하게 된다고 비판하였다(Hollands, 2008: 311). 이와 비슷하게, 그레이엄(Graham, 2002)은 디지털 기술의 중요성이 과도하게 강조되면서 상위층과 스마트 노동자들을 위한 게이티드 커뮤니티와 고급 주택가의 건설이 도시에서 중요한 사업이 되면서, 도시의 계급 간 불평등 심화, 젠트리피케이션으로 인한 쫓김, 갈등의 증가 등과 같은 도시의 경제적·사회적·문화적·공간적 분리의 심화가 중요한 문제가 되고 있다고 우려하였다.

미국과 달리 학계를 중심으로 한 유럽의 스마트 도시론은 미국을 중심으로 한 기업 주도의 스마트 도시론을 비판하면서, 정보통신기술에 의해 야기된 도시의 혁신과 발전을 보다 총체적이고 인간중심적 관점에서 접근하며, 인간적·사회적·문화적·환경적·경제적·기술적 요소들의 균형 잡힌 결합을 강조하는 경향을 보인다(Mora, Bolici & Deakin, 2017: 19). 스마트 도시에 대한 인간중심적 접근에서 주로 강조하는 것은 교육, 커뮤니티, 여가 등을 위한 창조적 인프라를 제공하여, 교육 수준이 높고 창의적인 지식 노동자들을 끌어들이고, 더 나아가 스마트 기술을 활용한 스마트 커뮤니티의 활성화, 사회적 학습의 증진과 사회 자본의 개발, 그리고 다양한 약자들의 포용 등이다. 물론 이러한 인간중심적 시도도 지역 커뮤니티를 기업가주의 도시에 포섭하려는 신자유주의적 획책이라고 비판되기도 한다(Hollands, 2008: 312).

글로벌 수준의 스마트 도시 담론과 관련하여 또 다른 중요한 주제는 국가와 행정기능의 디지털화이다. 지난 십여 년간 서구 자본주의 국가들은 국가 서비스의 공급과 공공 부문의 재구조화와 관련하여 디지털 기술의 사용을 확대하고 있다. 최근 도시 차원에서 많이 논의되는 스마트 기술의 활용을 통한 스마트 거버넌스의 구축 또한 이러한 경향과 관련되며, 이는 흔히 '전자정부(e-government)', '가상 국가(virtual state)', '디지털 거버넌스' 등으로 불리는 현상과 관련된 것으로 이해된다(Schou & Hielholt, 2019: 439). 여기서 새로운 디지털 기술은 정부 조직을 보다 유연하고, 혁신적이며, 효율적으로 만드는 마법의 손과 같은 효력을 가진 것으로 인식된다. 특히, 서유럽의 경우, 신자유주의화로 인한 복지국가의 퇴조라는 경향 속에서, 복지국가 시절의 경직된 관리주의적 국가에서 보다 유연하고, 효율적인 국가로의 전환에서 디지털 기술이 매우 유용한 수단이 된다는 관점에서 스마트 도시에 접근하는 측면이 강하다.

이처럼 스마트 도시에 대한 글로벌 수준의 담론에서 중요한 논의들은 기술중심적 관점에 기반한 디지털 기술의 중요성에 대한 강조, 디지털 기술을 효율적으로 활용할 수 있는 기업환경으로서의 인프라 구축의 필요성, 그리고 디지털 기술을 활용한 국가 형태와 거버넌스의 변화 등의 주제들을 중심으로 형성되어 왔다(Joss et al., 2019: 15). 하지만 앞서도 언급했듯이 스마트 도시 담론이 이러한 몇 가지 중요한 주제들을 중심으로 형성되고 있다고 해서, 이것이 스마트 도시론이 하나의 동질적 논의로 수렴됨을 의미하지는 않는다. 조스(Joss et al., 2019)에 따르면, 스마트 도시론은 다양한 담론, 행위, 커뮤니티들의 결합을 바탕으로, 다층적으로 맥락화된 담론들과 그들 간의 상호작용을 통해 구성된다. 즉, 스마트 도시와 관련된 국지적 담론들이 글로벌한 차원에서 움직이고 순환하는 스마트 도시론을 특정한 지리적·문화적·조직적 세팅 속에 위치 지우고, 이 과정을 통해 글로벌한 스마트 도시론은 복잡하고 다양한 변종을 낳으면서 진화하고 있는 것이다.

2) 한국의 스마트 도시 담론

그렇다면, 한국에서 형성된 스마트 도시론은 이러한 글로벌한 담론 지형과 어떠한 차이를 보이고 있을까? 미국에서는 스마트 도시 담론의 형성과 유포가 주로 정보통신 기업을 중심으로 이루어져서 기업가주의적 스마트 도시론이 대세를 이루고 있고, 유럽의 경우에는 기술과 사회를 총체적으로 바라보면서 거버넌스와 커뮤니티의 재구성을 강조하는 인간중심적 접근이 대세를 이루고 있다면, 한국의 스마트 도시론은 발전주의 국가의 전통 속에서 국가중심의 산업정책적 특성을 강하게 지니고 있다.

(1) 4차 산업혁명론의 하위 담론으로서의 스마트 도시론

이러한 특성은 다음과 같은 간단한 조사를 통해서도 드러난다. 빅카인즈(Big Kinds)를 통해 2019년 10월 9일부터 2020년 1월 9일까지 3개월 간 중앙 일간지에서 "4차 산업혁명"과 "스마트시티" 이 두 단어를 포함한 기사 숫자를 조사해 보았다. "4차 산업혁명"이라는 단어를 포함한 기사의 숫자는 2140건이었고, "스마트시티"란 단어를 포함한 기사의 숫자는 539건으로,

"4차 산업혁명"을 포함한 기사의 숫자가 4배 정도 많은 것으로 나타났다. 그리고 "4차 산업혁명"과 "스마트시티" 두 단어를 동시에 포함하는 기사의 숫자는 109건으로 스마트시티 관련 기사의 20% 정도가 4차 산업혁명과 관련된 내용을 포함하고 있는 것으로 드러났다. 반면, 2020년 3월 15일, 저녁 10시 20분 기준으로 구글 뉴스의 검색을 통해 미국에서 지난 1시간 동안 올라온 기사 중에 "4th industrial revolution"이란 단어를 포함한 기사의 숫자는 2개에 불과했지만, "smart city"란 단어를 포함한 기사의 숫자는 9개에 이르러, 스마트 도시에 관한 기사의 숫자가 월등히 많은 것으로 나타났다. 이 간단한 조사에서 잘 드러나듯, 글로벌한 차원에서는 스마트 도시가 훨씬 더 중요한 사회적 이슈이지만, 한국에서는 스마트 도시보다는 4차 산업혁명에 대한 사회적 관심도가 훨씬 높다. 이처럼 한국의 스마트 도시론은 4차 산업혁명이란 더 큰 이슈의 하위 범주로 자리 잡고 있다. 즉, 중앙정부가 새로운 성장 동력을 찾기 위해 강력하게 밀어붙이는 "4차 산업혁명론"에 기대어, 스마트 도시론이 구성되고 있는 것이다.

스마트 도시에 대한 글로벌 차원의 담론과 비슷하게, 한국의 스마트 도시 담론도 기술 발전이 인류 문명의 진보와 변화에 결정적 영향을 미쳤다는 기술결정론적 세계관에 기반을 두고 있다. 하지만, 한국의 스마트 도시 담론의 특이점은 산업혁명을 인류의 발전에 결정적 영향을 미친 중요한 계기로 취급하면서, 스마트 도시의 등장을 그러한 산업혁명이란 기술 패러다임의 전환에 의해 추동된 현상으로 바라본다는 점이다. 산업혁명으로 인한 기술의 발달이 인류에게 엄청난 경제적 풍요와 삶의 질 향상에 기여하였고, 더 나아가 도시화와 도시적 삶의 확산에도 지대한 영향을 미친 것으로 이해된다(김태경, 2019; 조주현, 2018). 이처럼 기술과 산업의 발달이 인류 문명의 변화를 야기했다고 믿는 관점하에서 스마트 도시의 등장도 "4차 산업혁명"이라 불리는 새로운 기술적 변화에 의해 추동된 현상으로 이해된다.

우리나라의 4차 산업혁명 담론은 독일에서 시작된 "Industry 4.0" 논의에 의해 크게 영향을 받았다. 독일의 "Industry 4.0" 담론은 사물인터넷, 빅데이터, 소셜 미디어, 클라우드 컴퓨팅, 센서, 인공지능, 로봇 등의 신기술들을 결합하여, 상품의 물질적 생산, 분배 등에 적용하면, 새로운 기술적 혁신을 야기할 수 있음을 강조한다. 특히, 극단적 상황에서는 인터넷상에서 상이한 기술들의 네트워킹을 통해 재화의 생산, 분배, 활용, 수선, 재사용 등이 인간의 개입 없이 완전 자동화되어 이루어질 수 있다고 전망하면서, 조만간 이러한 자동화된 생산의 과정들이 장거리에서 실시간으로 통제, 조정되는 스마트 팩토리, 스마트 생산의 시대가 올 것이라는 비전을 내세우기도 한다 (Fuchs, 2018).

이러한 담론의 영향하에서 한국의 4차 산업혁명론은 산업혁명이 4단계를 거치면서 진화해 왔음을 강조한다. 증기 엔진과 기계화에 의해 추동된 1차 산업혁명, 컨베이어 벨트를 이용한 대량생산체제의 수립에 의해 특징지어지는 2차 산업혁명, 컴퓨터의 발달과 자동화로 촉발된 3차 산업혁명을 거쳐, 4차 산업혁명은 자동화와 연결성의 극대화로 특징지어지는 기술적 변화에 의해 추동되는 것으로 이해된다. 자동화는 단순 반복의 낮은 수준의 기술에서 중급 및 고급 수준의 기술로까지 확대되어 이루어지는데, 이때 인공지능이 매우 광범위하게 활용되고, 이 인공지능은 빅데이터와 결합되면서, 기존 자동화의 한계를 쉽게 뛰어넘어 스마트 팩토리와 같은 극단적 자동화가 가능해질 것이라 전망된다(조주현, 2018: 92).

(2) 4차 산업혁명과 도시의 기술적 진보

이러한 4차 산업혁명론에 기반을 둔 한국의 스마트 도시담론은 기술의 발달이 도시화의 진전과 도시문제의 해결에 중요한 기여를 한다는 믿음에 기대고 있다. 특히, 4차 산업혁명으로 인한 기술발달은 도시에서의 연결성이 확대되고, 정보와 자원의 공유가 촉진되는 것과 같은 변화가 야기되어, 도시를 보다 효율적으로 진화시킬 것이라 기대된다(김태형, 2019: 4). 조주현(2018: 93)에 따르면, 현재의 도시공간은 과거의 산업혁명이 만들어낸 결과물로서, 특히 소품종 대량생산과 같은 기존의 기술-산업 패러다임은 여러 도시 문제를 초래하였다. 하지만 4차 산업혁명은 이러한 과거의 산업혁명으로 인한 도시의 문제점들을 해결하고, 도시를 보다 효율적이고 인간중심적인 공간으로 변화시킬 것이라 전망된다. 특히, 소품종 대량생산에서 다품종 대량생산으로의 전환, 스마트 팩토리의 등장 등은 도시를 생산자이자 소비자인 프로슈머(prosumer)의 공간으로 변화시킬 것으로 예상되기도 한다.

　이러한 도시 변화에 대한 전망 속에서 한국의 스마트 도시론자들은 4차 산업혁명 시대에 도시를 보다 효과적으로 관리하고 계획할 수 있는 다양한 기술-공학적 해법을 제안하고 있다. 조주현(2018: 98)은 기존의 도시계획이 연결성이 부족하고 분절된 단계 간에 시차를 지닌 데이터를 바탕으로 선형적 과정을 통해 이루어지다 보니 도시의 필요에 적절히 대처하지 못하였는데, ① 센서(sensor)를 장착한 기반시설(infrastructure), ② 각종 센서로부터 획득된 데이터를 다루는 허브와 운영체계(OS), 그리고 ③ 데이터를 활용하여 스마트하게 제공되는 서비스로 구성되는 스마트 도시에서는 디지털 플랫폼에서의 극대화된 연결성을 바탕으로 복잡한 도시문제에 보다 효과적이고 빨리 대처할 수 있는 도시계획이 가능할 것이라 전망한다. 이와 비슷하게 김태형(2019: 4)도 스마트 도시는 "4차 산업혁명에 의해 발달된 정보통신기술, 사물인터넷, 인공지능 등 다양한 기술을 활용해 인간의 삶을 안전하고 편리하게 만드는 스마트서비스의 종합적 결과물"이라 규정한다. 그리고 기존의 도시에서는 도시문제의 해결을 위해 대규모 재원의 장기적 투자, 소수의 컨트롤 타워에 의한 도시 운영과 관리 등의 특징을 지녔지만, 스마트 도시에서는 도시 전체에서 정보를 수집하여 분석, 관리하고, 도시 자원의 효율적 이용과 분배를 통해 도시 전체가 하나의 플랫폼으로 기능할 것이라 전망한다 (김태형, 2019: 5).

이러한 전망하에서 한국의 스마트 도시론자들은 도시의 효율성을 향상시키기 위해서는 스마트 기술의 도입이 필요함을 강조한다. 예를 들어, 실시간 신호제어시스템, 스마트 톨링시스템, 스마트 주차시스템 등을 이용하여 도로용량을 늘리지 않고서도 교통혼잡을 줄이고, 주차 공간의 확보가 가능하고(김태형, 2019: 6), 건물 에너지관리시스템, 스마트그리드, 지능형 가로등을 활용하여 효율적인 에너지 관리가 가능하며, 지능형 방범서비스, 스마트 라이프라인, 스마트 재난안전시스템 등을 활용하여 더 효율적인 방법과 안전을 보장할 수 있다고 강조한다(김태형, 2019: 7). 스마트 워터그리드, 스마트 수목관리, 대기오염관리, 쓰레기 관리 등 환경 분야와 관련해서도 다양한 스마트시스템이 활용될 수 있고, 스마트 팜, 스마트 팩토리, 통합 물류관리시스템을 이용하여 산업, 경제 분야도 더 효율적인 시스템의 구축이 가능하다고 주장한다(김태형, 2019: 8).

(3) 4차 산업혁명과 도시 혁신

한국의 스마트 도시론자들은 4차 산업혁명이라고 하는 새로운 기술 패러다임의 시대에는 혁신의 방법도 달라져야 한다고 강조한다. 예를 들어, 4차 산업혁명 혁신은 융합에 기반하기 때문에, 전통적인 폐쇄적 계층 조직보다 네트워크에 기반한 수평적 개방적 공유와 협력 조직이 혁신을 위해 중요하다고 이야기 된다(이정훈·김태경·배영임, 2018: 1). 이와 관련하여 많이 강조되는 것이 4차 산업혁명의 도래와 함께 상품의 가치사슬구조가 파이프라인에서 플랫폼 경제로 전환된다는 것이다. 그에 따라 상품 가치사슬의 상류 부분 (up stream)에서는 소수의 기업들이 시장을 독식하면서 규모의 경제를 추구하는 단순화가 일어나고, 하류 부분(down stream)에서는 다양한 행위자들이 긴밀하고 복잡하게 연결되고 결합되어 범위의 경제를 추구하면서, 주문생산, 민첩생산 등을 통해 분산, 파편화된 시장에서 틈새시장을 노리는 전략을 추구하는 경향이 나타난다고 예견된다(김선배, 2017). 기술의 변화에 따라 발생하는 이러한 생산 부분에서의 변화는 혁신에 있어서도 전통적인 폐쇄적 조직보다는 네트워크형 플랫폼 조직을 통한 공유와 협력적 활동, 특히 플랫폼기반 스타트업 생태계의 중요성을 부각시킨다고 강조된다.

이런 맥락에서 한국의 4차 산업혁명론자들은 한국의 혁신 체계가 중앙정부와 대기업에 대한 의존성이 강하고 폐쇄적인 특성을 가지고 있어 새로운 혁신에 불리하므로, 민간의 주도성을 강화하여 개방적인 혁신 플랫폼의 구축을 지향해야 함을 강조하기도 한다(이정훈·김태경·배영임, 2018: 13). 비슷한 관점에서 김태형(2019)은 4차 산업혁명 시대에 걸맞은 도시혁신을 위해서는 사용자 참여, 상호 교류 플랫폼, 공유를 통한 개방형 혁신 플랫폼의 구축이 필요함을 강조하면서, 구체적으로 사용자 주도의 개방형 혁신 생태계를 구축하는 리빙랩, 다양한 주체가 상호작용을 일으키는 집단지성 기반의 플랫폼 시티, 시민들이 프로슈머로서 역할을 하는 공유도시의 구축을 제안하였다.

이처럼 한국의 스마트 도시 담론에서 4차 산업혁명이란 일종의 기술 패러다임의 전환에 의해 플랫폼이라 불리는 보다 개방적이고 수평적인 관계형성과 거버넌스의 틀거리에 대한 관심이 증가하고 있지만, 이러한 논의들이 기본적으로 비즈니스 혁신이란 관점에서 이루어지다 보니 기업친화적이고 시장중심적 성향을 강하게 보인다. 특히, 시장에 대한 정부의 규제를 우회적으로 비판하고, 비즈니스 생태계나 수익 모델을 강조하는 보다 기업중심적인 거버넌스 구축을 옹호하기 위한 배경으로 4차 산업혁명과 스마트 도시의 담론이 이용되는 경향이 있다(이정훈·김태경·배영임, 2018; 김태형, 2019).

3) 한국 스마트 도시론의 한계와 문제점

(1) '4차 산업혁명론'의 문제점 답습

기술결정론과 기업중심적 관점은 스마트 도시론의 보편적 특징이고, 그에 대한 비판적 문제점이 광범위하게 제기되어 왔다. 그런데 한국의 경우 이러한 문제가 더욱 심각하다. 특히, 4차 산업혁명 담론의 영향하에 국가 산업정책의 일환으로 스마트 도시가 추진되면서, 한국의 스마트 도시 담론은 4차 산업혁명론이 지닌 문제점을 그대로 답습한 채 확산되고 있다.

첫째, 국내 스마트 도시론자들은 4차 산업혁명론을 적극 채용하여, 기술 패러다임의 변화에 기반한 산업적 혁신이 정치-경제-사회적 삶과 과정의 전반을 변화시킨다고 강조하면서, 도시 미래의 방향도 기술 패러다임의 변화에 맞추어서 설정되어야 한다고 주장한다. 이러한 기술결정론적 관점은 사회세력들 간의 복잡한 권력투쟁, 갈등, 협상 등의 과정을 통해 구성되는 기술-사회 복합체에 대한 이해가 충분하지 않다는 국내외의 비판을 제대로 반영하고 있지 못하다. 더구나, 스마트 도시에 대한 국내의 논의들은 4차 산업혁명 시대에 국가의 새로운 축적 전략과 성장 동력을 찾기 위한 기술-경제적 혁신을 위해서 스마트 도시의 건설이 필요하다는 관점과 태도에 의해 크게 영향을 받고 있다.

둘째, 한국의 스마트 도시 담론을 북미와 유럽의 스마트 도시 담론과 비교했을 때 가장 두드러진 특성은 강한 국가주의적 속성이다. 4차 산업혁명 이란 새로운 기술적 패러다임하에서 국가의 성장 동력을 어떻게 찾을 것인가 하는 고민 속에서 중앙정부가 주도하여 스마트 도시 정책을 펼치는 과정에서 스마트 도시 담론이 형성되고 있어서, 스마트 도시의 모습에 대한 상상과 비전에 국가 스케일 중심적 성격이 매우 강하다. 앞서도 지적하였듯이, 4차 산업혁명이란 새로운 기술적 변화를 맞이하여 국가의 기술-경제적 혁신과 도약을 위한 한 수단으로 스마트 도시가 필요하다는 인식을 바탕에 두고 있기 때문에, 국가의 성장과 발전이라는 대의가 스마트 도시론의 1차적 목표이고, 삶과 주거의 공간으로서 도시 그 자체가 지니는 문제에 대한 해결과 필요에 대한 대응은 2차적이거나 주변적인 이슈에 불과한 것으로 취급된다. 예를 들어, 국토교통부, 미래창조과학부, 산업통상지원부 등 정부 부처들은 스마트 도시를 새로운 주력 수출상품으로 지정하고, 합동으로 '스마트시티 추진단'을 만들어 스마트 도시 논의를 주도하고 있다(박준·유승호, 2017). 즉, 한국 국가는 스마트 도시를 새로운 수출시장의 확대와 산업 성장을 위한 수단으로 활용하려는 의도를 명확히 드러내고 있고, 국내의 스마트 도시 논의들은 이러한 국가중심적 기획에 의해 형성되고 있는 것이다.

셋째, 이러한 분위기 속에서, 국내의 스마트 도시 담론은 생산지향적 산업주의 시각을 벗어나지 못하고 있다. 특히, 국가 스케일에서의 산업발전과 생산성 증가를 우선시하는 발전주의 국가식 산업정책의 연장선으로 스마트 도시 정책이 추진되고 있다. 여기서 짚고 넘어가고 싶은 한 가지 재밌는 사실은 "4차 산업혁명"이란 담론의 유행이 전 세계적인 현상이 아니라, 독일, 일본, 한국과 같이 국가주도 산업화의 전통이 강한 국가에서 유독 두드러지는 현상이라는 것이다.[24] 즉, 한국과 같이 국가주도의 산업발전의 전통이 강한 국가에서 새로운 산업발전 동력을 4차 산업혁명이란 기술 패러다임의 전환

---

24 이와 관련해서는 푹스(Fuchs, 2018)의 독일 4차 산업혁명에 대한 비판적 분석이 인상적이다. 푹스(Fuchs, 2018: 282)에 따르면, 미국과 영국 등에 비해 독일에서 유독 4차 산업혁명(Industry 4.0) 논의가 강한데, 이는 제조업에서 금융과 생산자서비스, 정보통신산업 등으로의 전환이 두드러진 미국, 영국과 같은 국가에 비해 독일은 여전히 제조업의 비중이 전체 경제의 23% 이상을 차지하는(2015년 기준) 제조업 중심의 경제를 유지하고 있어서, 강화된 디지털 연결성을 바탕으로 산업적 혁신을 지향하는 4차 산업혁명 담론이 새로운 자본주의 축적전략으로 제시되고 있기 때문이다. 즉, 독일의 Industry 4.0 담론은 디지털 부문의 높은 이윤율을 제조업 부문으로 이전하고자 하는 제조업 기반 독일 자본가 집단의 전략적 희망이 반영된 이데올로기라는 것이다(Fuchs, 2018: 283).

담론에 기반하여 모색하고 있고, 그 배경에서 스마트 도시 논의가 이루어지는 경향이 있다. 그러다 보니, 한국의 스마트 도시 논의는 신산업 육성, 생산성 향상, 국가 혁신 등과 같은 산업주의적 관점에 강하게 포획되어, 사람들의 도시적 삶을 질을 어떻게 더 향상시킬 것인가와 같은 질문에는 관심이 덜하다.

(2) 도시적 관점의 결여

4차 산업혁명이란 국가주의와 산업중심주의가 결합된 이데올로기의 영향으로 형성된 한국의 스마트 도시 담론은 국가와 산업의 논리와 이해관계를 중심에 두어, 정작 핵심적 고려 대상이어야 할 도시를 주변화, 종속화하는 문제를 지니고 있다. 즉, 기술변화, 산업 혁신, 국가 성장동력 확보 등이 핵심적 목적이 되면서, 스마트 도시 논의에서 현대인의 일상적 거주 공간이자, 만남과 마주침의 사회적 공간인 도시에 대한 관심은 부차적인 것으로 취급되는 경향을 보여준다. 도시는 단지 스마트 기술을 상품화하고, 그를 통해 국가의 산업과 경제를 부흥시키려는 국가 엘리트들의 정치-경제적 기획의 수단으로 전락되었다. 박준·유승호(2017)의 논문에서 지적되었듯이, 스마트 도시 건설을 '고부가가치 도시개발'로 포장하여 해외에 수출하려는 것과 같은 시도가 노골적으로 추진되고 있는 것이다.

이러한 논리에는 도시를 사회-공간적 과정의 복합체로 보지 않고, 기술, 산업, 경제 논리의 수동적 반영물로 바라보는 태도가 바탕에 깔려 있다. 즉, 도시화는 자본주의 산업화의 수동적 결과물에 불과한 것이다. 따라서 투기적 도시화, 도시 빈곤 등과 같은 도시 문제를 야기하는 오래된 사회-정치-경제적 관계와 과정에 대한 관심이 거의 없다. 또한, 국가라는 공간적 스케일을 절대시하면서 국가 스케일의 정치-경제적 과정이 도시에 그대로 반영될 것이라는 '방법론적 국가주의(methodological nationalism)'의 태도도 강하게 드러난다. 그 결과로 도시 스케일에서 발생하는 사회적 과정과 관계들이 지역, 국가, 글로벌 등 다른 여타의 공간적 스케일에서 벌어지는 과정 및 관계들과 역동적으로 얽히고설키면서 정치-사회-경제적 과정을 만들어내고 있음을 스마트 도시 담론은 제대로 파악하고 있지 못하다. 따라서 스마트 기술을 이용하여 도시의 문제를 보다 효율적으로 해결할 것처럼 이야기가 되지만, 스마트 도시 정책이 정작 현실에서는 도시화의 문제를 더욱 악화시킬 여지가 크다.

(3) 스마트 기술의 악영향에 대한 무관심

그간 많은 학자들이 인공지능, 빅데이터 등과 같은 스마트 기술이 도시사회에 미칠 악영향에 대해 우려와 비판의 목소리를 내왔다. 임서환(2017)은 스마트 도시가 전자 파놉티콘, 보안 감시사회 등과 같은 스마트 감시사회를 초래할 가능성에 대해 언급하면서 우려와 경고를 표하였고, 도승연(2017)은 스마트 기술 그 자체에 내재한 특성에 의해 스마트 도시는 신자유주의적 통치성을 구현하는 수단이 될 것이라 경고하였다. 특히, 인공지능, 빅데이터, 사물인터넷 등의 스마트 기술이 내재적으로 추구하는 알고리듬에 따른 자동화와 네트워크를 통한 효율적 순환의 시스템은 코드화된 통치를 구현하는데, 여기에 정보통신기업의 산업적 이해와 국가의 신성장동력을 추구하는 정부의 필요에 따른 스마트 기술의 선택적 조합과 활용의 방식이 결합되면서, 스마트 도시는 신자유주의 통치성이 현실에서 구현되는 장치가 될 수 있다고 강조한다. 이러한 스마트 기술의 문제점과 악영향에 대해 국내의 지배적인 스마트 도시 담론은 거의 무시하고 있는 실정이다.

3. 스마트 도시론의 급진적 재구성

1) '산업혁명'에서 '도시혁명'으로

주류 스마트 도시론과 4차 산업혁명론이 매우 과장되어 있고 많은 문제를 내포한 담론인 것은 사실이지만, 우리의 삶과 사회적 관계 맺기에 영향을 주는 많은 중요한 사회-공간적 변화가 사물인터넷, 인공지능, 빅데이터 등과 같은 새로운 스마트 기술과 관련하여 출현하고 있는 것도 사실이다. 특히, 최근 도시적 삶을 중심으로 많은 변화가 발생하고 있다. 유엔이 '도시의 시대(Urban Age)'라 부를 정도로 통계적으로 도시 인구의 숫자가 전 지구 인구의 대다수를 차지하게 되었고, 집적경제, 글로벌 도시, 창조도시 등과 같은 논의들에서 강조하듯 도시가 새로운 혁신의 중심지이자, 각종 생산자 서비스, 금융업, 첨단 제조업, 문화예술 관련 산업 등 새로이 성장하는 중요 산업들의 집적지로 기능하고 있다.

하지만 최근의 도시화 과정은 기존 도시화와는 많은 차이를 보인다. 무엇보다 여러 성장하는 대도시들은 문화, 예술의 중심지로 기능하여 새로운 대중문화, 패션, 트렌드를 지속적으로 만들어내면서 젊은이들을 끌어들이고 있다. 이런 면에서 최근의 도시화는 근대적 산업화 초창기에 발생했던 이촌향도형 도시화와는 확연히 다른 특성을 보이고 있다. 하지만, 우리가 도시를 바라보는 관점과 태도는 여전히 이촌향도형 도시화 시대에 만들어진 이론과 개념에 기대고 있어, 최근의 도시화와 그와 관련된 사회적 변화를 제대로 이해하고 설명하는 데 많은 한계가 있다. 따라서 도시와 관련하여 나타나는 최근의 변화들을 제대로 이해하고, 스마트 도시에 대한 논리들을 급진적으로 재구성하기 위해서는 도시적 삶을 중심으로 사회의 변화를 바라보는 새로운 관점이 필요하다.

〈그림 7-1〉 도시혁명의 과정

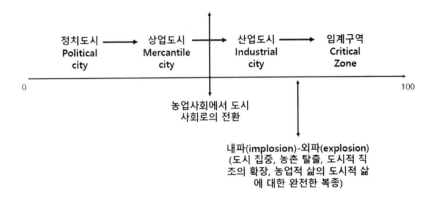

자료: Lefebvre(2003: 17).

　　관련하여 르페브르의 '도시혁명(urban revolution)' 개념은 많은 시사점을 제공한다. 르페브르에 따르면, '도시혁명'은 "성장과 산업화에 대한 이슈가 지배적이었던 시기에서 도시적 문제의식이 지배적인 시기에 이르는 기간 동안 지속된 현대 사회에 영향을 준 변화"(Lefebvre, 2003: 5)를 의미한다. 즉, 르페브르에게 도시혁명은 도시에서 현재의 지배 권력과 시스템을 뒤엎기 위해 일어나는 혁명적 사건을 의미하는 것이 아니라, '산업혁명'과 같이 우리 사회의 전반적 변화를 추동한 장기간의 과정을 의미한다. 특히, 르페브르는 농업사회에서 산업사회를 거쳐, 도시사회로 넘어가는 장기간의 역사적 과정을 지칭하기 위해 이 용어를 사용하였다(Smith, 2003). 〈그림 7-1〉에서 보여지 듯, 정치도시와 상업도시의 시기를 지나, 산업도시가 등장하는 시점에 농업사회에서 도시사회(urban society)로 전환되는 '도시혁명'이 시작되고, 도시혁명이 심화되어 도시화가 어떤 임계지점(critical zone)을 지나게 되면 도시사회가 전면화될 것이라는 역사적 발전 경로를 르페브르는 제시한다 (Lefebvre, 2013: 17).

이러한 관점은 '산업혁명'을 중심으로 사회의 변화를 설명하던 기존 논의들과 큰 차이를 보이는 것으로 산업화보다는 도시화가 우리가 경험했으며, 경험하고 있고, 또한 앞으로 겪을 사회적 변화의 핵심적 내용임을 강조하는 것이다. 특히, 르페브르는 도시화가 자본주의적 산업화를 추동한 중요한 힘이라고 보면서, 자본주의적 산업화와 그에 파생된 노동과 자본 간의 계급관계, 생산관계 등을 역사발전의 원동력으로 바라보는 전통 마르크스주의 관점에 대한 전복을 시도한다. 이러한 르페브르의 주장을 부연설명하면서, 메리필드는 "도시화는 산업화가 고도로 발전하여 출현하는 것이 아니며, 오히려 산업화가 도시화의 한 특별한 유형이"(Marrifield, 2013: 911)라고 지적하며, 도시는 그 자체로 자본주의적 분업, 노동력의 재생산, 기술적 혁신의 발전 동력이었음을 강조한다. 또한, 산업도시의 등장은 생산력의 확장에 결정적이었을 뿐 아니라, 봉건제에서 자본주의로 넘어가는 단계에서 중요한 정치적 세력으로 성장하였던 부르주아 계급의 등장에 매우 중요한 정치적 토양을 제공해 주었다. 즉, 도시화는 산업화의 논리가 성장하는 온상이었던 것이다(Marrifield, 2013: 911).

사회 변화의 원동력을 산업혁명이 아니라, 도시혁명으로 바라보는 이러한 관점은 사회를 바라보는 관점과 패러다임의 전환을 요구한다. 르페브르는 자신이 『도시혁명』을 집필하던 1970년대 초반 무렵에 유행하던 '후기산업사회(post-industrial society)' 개념이 세상을 제대로 설명하지 못한다고 비판하면서, 그에 대한 대안으로 '도시사회(urban society)'란 개념을 사용할 것을 제안하였다. '산업사회'란 개념으로 초기 자본주의 산업화와 그와 관련된 사회적 변화를 설명하였다면, '후기산업사회' 개념은 제2차 세계대전 이후 북미와 서유럽 자본주의 국가들이 고도 경제성장, 케인즈주의 복지국가의 맥락에서 경험했던 대량소비의 시대를 설명하려던 시도였다. 하지만, 르페브르에게 이러한 개념들은 모두 '산업혁명'과 산업화를 사회 변동의 중요 동력으로 여기는 기존 관점에서 벗어나지 않은 것이어서 새로이 등장하고 있는 '도시사회'를 설명하기에는 많은 한계를 지닐 수밖에 없었다. 산업사회가 아닌 도시사회적 관점의 필요성을 강조하면서,.르페브르는 2세기 이상 자본주의 사회를 지배했던 산업화와 관련된 문제의식이 점차로 도시적 문제제기로 전환되고 있고, 심지어 도시적 문제제기가 지배적인 것이 되고 있다고 주장했다(Lefebvre, 2013). 이와 관련하여 닐 스미스(Neil Smith)는 68혁명과 관련하여 나타났던 서구 자본주의 국가들의 정치적 위기는 자본주의 산업주의의 위기가 아니라 도시사회의 위기였다고 언급하면서(Smith, 2003: xi.), '도시사회'가 지배적인 것이 되었다는 르페브르의 주장을 지지하였다.

2) 변화된 현실을 보지 못하게 하는 것들

그렇다면 산업화보다는 도시화를 중심으로 세상을 바라보는 패러다임 또한 사회적으로 널리 받아들여져야 하는데, 여전히 산업화의 논리와 문법이 우리의 사고방식을 좌우하고 있다. 스마트 도시를 4차 산업혁명의 틀에서 설명하는 한국의 스마트 도시론이 그 대표적인 예라고 할 수 있다. 이처럼 우리가 살아가는 사회는 이미 도시사회로 접어들었지만, 여전히 산업사회 시절의 논리와 문법이 너무나 강하게 남아 있어 새롭게 등장하는 사회의 실제(reality)를 제대로 바라보지 못하게 하는 경향이 있다. 르페브르는 이를 '사각지대(blind field)'라는 개념으로 설명한다. 르페브르에 따르면, 각 생산양식은 특정한 유형의 도시를 만들어내는데, 이들 도시는 그 생산양식의 법적, 정치적, 이데올로기적 특성을 가장 가시적이고 또렷하며, 구체적으로 드러낸다. 상대적으로 연속적이며 누적적인 과정을 통해 그 도시에는 특정의 지식, 기술, 사물, 사람, 부, 화폐, 자본 등이 축적되어 응고된다(Lefebvre, 2013: 24). 한 생산양식에서 다른 생산양식으로 넘어가는 이행기에는 사각지대가 발생하는데, 이 사각지대는 단순히 어둡고, 불명확하여 잘 보이지 않는 상황만을 의미하는 것이 아니라, 시선의 한가운데인 망막에 맹점(blind spot)이 발생하여 생기는 패러독스적인 상황을 의미하는 것이기도 하다(Lefebvre, 2013: 29).

이처럼 산업사회에서 도시사회로 넘어가면서 생기는 '사각지대'는 두 가지 요인에 의해 형성되는데, 첫째는 산업사회의 시기에 형성된 법, 제도, 이데올로기적 관성은 여전히 강하지만, 새로이 등장하는 도시사회의 특성은 아직 뚜렷이 드러나지 않고 불분명한 채로 있어서 제대로 파악이 되지 않아 사각지대가 발생한다. 둘째는 너무나 밝은 햇살에 눈동자가 일시적으로 시력을 잃듯이, 새로이 등장하는 도시사회의 특성이 너무나 강력하고 밝아서 순간적으로 그것을 파악할 능력을 상실하는 상황에 처해서 사각지대가 발생하기도 한다. 즉, 도시사회로 이미 진입하여 도시적 현상을 직시하고는 있지만, 여전히 산업사회 시대의 실천과 이론에 의해 형성된 개념과 시선으로 바라보고 있기 때문에 새로운 도시적 실제(reality)를 제대로 이해하지 못하고, 심지어는 그것을 받아들이기를 거부하거나(Lefebvre, 2003: 29), 혹은 도시사회의 힘과 영향력이 너무나 강한 빛으로 우리를 덮쳐서 그것을 제대로 파악하지 못하는 일시적 시력 상실의 상태에 빠져 있을 수도 있다. 어찌되었든 4차 산업혁명론에 기댄 스마트 도시 담론은 전형적인 산업사회의 논리와 문법에 따른 것이어서, 도시사회 등장과 같은 사회적 변화에 부응하지 못하여 새로운 도시의 미래를 제시하는 데 한계를 노정할 수밖에 없는 논리이다.

앞에서도 언급하였듯이, 발전주의 국가의 강력한 리더십에 기반하여 압축적인 산업화를 경험하였던 한국 사회는 여전히 발전주의적인 산업사회 지향 이데올로기와 법, 제도의 관성적 영향이 매우 강하다. 국가주도의 발전주의 이념, 국가의 경제 성장을 우선시하는 경제적 국가/민족주의, 여전히 GDP 성장을 중심으로 국가 발전을 바라보는 성장주의 논리, 국가주도 산업화 시기에 선진국 추격의 명분으로 강력하게 구축되었던 기술결정론적 관점 등이 한국 사회에서 매우 강력하고, 이들이 한국 사회에서 새로이 등장하는 도시사회의 현실을 제대로 바라보지 못하게 하는 사각지대를 구성하고 있는 것이다.

3) 도시사회에 대한 제대로 된 이해

이러한 사각지대를 벗어나 도시사회의 현실을 제대로 이해하기 위해서는 무엇을 해야 하는가? 가장 시급하게는 사각지대를 구성하는 산업화 시대의 논리와 이데올로기를 도전하고 극복하는 것이 필요할 것이다. 특히, 국가의 산업화와 경제성장을 최우선의 과제로 여기는 발전주의 이데올로기, 기술 주의적 패러다임, 도시에서의 일상과 삶보다 산업발전과 그에 복무하는 노동을 우선시하는 산업주의적 태도, 그리고 이러한 이념들을 기반으로 구성된 법과 제도 등이 비판되고 극복될 필요가 있다. 하지만, 이러한 발전주의적 산업화 논리에 대한 비판의 필요성은 이미 널리 이야기되어 와서 이 글에서 다시 언급할 필요는 없을 것으로 판단된다.

게다가 또 중요한 것은 도시사회의 인식을 방해하는 사각지대가 도시 현상 그 자체에 대한 잘못된 사고에서 발생하기도 한다는 사실이다. 이와 관련하여 산업사회의 논리와 이데올로기의 영향뿐 아니라, 새로이 떠오르는 도시사회의 강렬한 광채가 우리의 망막을 순간적으로 눈멀게 만들기 때문에 사각지대가 형성되기도 한다는 사실을 한 번 더 강조하고 싶다. 최근 스마트 도시를 포함하여, 창조도시, 혁신도시, 글로벌도시, 공유도시 등 다양한 도시에 대한 담론과 네이밍이 등장하고 있다. 어찌 보면, 이처럼 다양한 도시 담론들이 우후죽순처럼 만들어지고 등장하는 것 그 자체가 우리가 산업사회를 지나 도시사회로 진입했음을 간접적으로 증명하는 것일 수도 있다. 하지만 이러한 다양한 도시 논의들 그 자체가 사각지대를 구성하는 중요한 요소이기도 하다. 특히, 도시에 대한 다양한 담론들이 도시를 산업화의 수동적 결과물이자 고정된 객체로 바라보는 낡은 도시에 대한 사고에 기반을 두어 만들어졌다면, 이러한 도시론들은 도시사회의 새로운 모습들을 설명하는 데 도움을 주기보다 그 실제를 이해하는 데 방해 요소로 작용할 가능성이 더 크다. 그렇다면 도시는 어떻게 이해해야 하는가?

(1) '도시(city)'가 아니라 '도시적인 것(the urban)'

도시사회의 등장을 논하면서 르페브르는 도시를 명확히 구분 가능한 '사회적 대상(social object)'이자 구획된 공간적 단위를 지닌 형태 기반의 도시(city)가 아니라 도시화의 과정에 의해 만들어지는 '도시적인 것(the urban)'으로 이해해야 함을 강조했다(Lefebvre 2003). 특히, 도시적 변화의 장기적 과정에 집중하면서, 도시화라는 자본주의 산업화의 공간적 확산 과정을 통해 '도시적인 것'이 전 지구적 차원에서 전면화되는 '행성적 도시화(planetary urbanization)' 과정에 주목하였다(Schmid, 2012: 45). 즉, 자본주의적 산업화가 점차 진전, 심화함에 따라 나타나는 행성적 도시화와 함께 특정 지역의 중심지이자 좁은 공간에 집중된 사람들을 위한 집단거주지로 기능하면서 고정된 공간적 형태를 지녔던 전통적 도시(city)는 사라지고, 공간적으로 펼쳐지고 모양과 형태도 없으며 경계도 불확실한 새로운 '도시적 직조(urban fabric)'가 등장하고 있다는 것이다(Lefebvre, 2003; Merrifield, 2013: 911). 또한, 전통적 의미의 도시(city)가 한때는 단단하고 구체적인 실체로 존재하였으나, 이러한 행성적 도시화의 진전과 함께 이제는 유동적인 것이 되면서 더 이상 물질적 객체로 존재하지 않게 되었음을 강조한다(Lefebvre, 2003: 57).

그렇다면 형태를 지닌 고정된 사물이자 대상으로서의 도시(city)가 아니라 항상 역동적으로 변하고 새로이 만들어지는 '도시적인 것(the urban)'은 어떻게 이해해야 하는가? 이와 관련하여 메리필드(Merrifield, 2013: 912)는 '도시적인 것'은 고정된 공간적 구성물로 이해되어서는 안 되고, 도시 안에서, 그리고 도시를 통해서 지나가고 떠다니는 상품, 자본, 화폐, 사람, 정보 등의 만남과 마주침을 통해 만들어지는, 그리고 역동적으로 변화하는 유기적 조직(organic tissue)과 같은 것으로 이해되어야 한다고 주장하였다. 좀 더 구체적으로 메리필드는 '도시적인 것'의 핵심적 특징으로 만남과 마주침을 들었다(Merrifield, 2013: 916). 특히, 그는 "도시가 보내는 표시는 모임의 신호"이고 "도시적인 것의 순수한 형태로서의 도시는 마주침, 모임, 동시성의 장소"라는 르페브르(Lefebvre, 2003: 118)의 말을 인용하면서, 도시를 만남과 마주침의 장소로 규정한다. 또한, 도시는 인간들의 집중과 마주침 등을 벗어나서 도시 자체만으로는 아무 것도 만들지 않으며, 어떤 목적에도 봉사하지 않고, 어떠한 실재도 가지고 있지 않다고 강조하였다(Marrifield, 2013: 915).

(2) 도시적 현상은 스케일적 문제

고정된 대상으로서의 도시보다는 도시화의 과정과 그로 인해 만들어지는 '도시적'인 구성물에 관심을 두자는 르페브르의 주장은 주류적 도시연구에서 많이 나타나는 '방법론적 도시주의(methodological cityism)' 경향에 대한 비판적 논의로 발전하였다. 브레너(Brenner, 2019: 13)에 따르면, '방법론적 도시주의'는 도시를 영토적으로 구획되고, 사회-공간적으로 차별적 특성을 지니는 공간적 클러스터로 이해하면서, 도시를 선험적으로 주어져서 자명하고 보편적인 분석의 단위로 바라보는 관점을 무비판적으로 받아들이는 태도를 지칭한다. 또한, 이러한 관점에서는 도시(city)는 비도회적(non-urban) 혹은 촌락적(rural) 지역과 명확히 차별화되는 공간이자 분석의 단위로 이해된다. 그리고 도시라는 분석의 단위는 자연스러운 것이 되면서 그 외부에 놓인 것으로 인식되는 비도시(non-city) 영역과는 분석의 차원에서든 지리적 측면에서든 엄밀히 구분된 것으로 이해된다(Angello & Wachsmuth, 2015). 도시계획, 도시공학, 도시행정 등 도시란 네이밍을 바탕으로 제도화된 분과 학문들이 방법론적 도시주의의 특성을 많이 보이는 경향이 있다.

브레너(Brenner, 2019: 3)는 '방법론적 도시주의'를 넘어서는 한 대안으로 도시의 문제를 스케일적 관점에서 바라볼 것을 제안하면서, 도시공간을 교외나 농촌과 같은 비도시적 정주공간에 수평적으로 대비되는 도시를 통해 구분되는 것으로 바라보기보다는 로컬, 지역, 근린, 대도시권, 국가, 글로벌 등의 다층적으로 조직화된 수직적인 공간의 질서 속에서 도시적 스케일이 차지하고 있는 위치성의 측면에서 개념화될 필요가 있음을 강조한다. 여기서 '도시적인 것'은 물리적인 도시를 담는 그릇과 같은 구획된 지역 단위가 아니라, 더 크고 넓은 관계들의 다층적 스케일의 질서 속에 뿌리내려진 사회-공간적 관계로 이해되어야 한다. 결국 도시는 특정 영토적 구역이 '도시'라고 특정됨을 통해 구성되는 것이 아니라, 크고 넓은 관계들의 다층적 틀 속에 특정의 사회공간적 위치성이 구체화됨을 통해 나타나는 것이다. 따라서 도시적인 것은 어떤 특정의 사회공간적 특성과 실천 등을 통해 구체화되어 나타내지만, 이 도시적인 것의 모습과 형태들은 다중 스케일적 관계의 틀 속에서 매우 유동적이면서 역동적으로 변화하고 진화한다. 결국, 도시에 대한 이러한 스케일적 인식론이 강조하는 것은 도시를 로컬, 지역, 국가, 글로벌 등 다양한 지리적 스케일에서 벌어지는 사회-공간적 과정들과의 관계성 속에서 이해해야 한다는 것이다.

(3) '도시적인 것'의 능동성

비록 '도시적인 것'이 사람들의 만남과 마주침, 그리고 그것의 스케일적 위치성에 바탕을 두어 사회-공간적으로 구성되는 것이라 하더라도, 도시를 단순히 사람들의 만남, 회합, 마주침을 가능하도록 하는 빈 그릇과 같이 수동적인 역할만을 하는 것으로 생각해서는 안 된다. '도시적인 직조(urban fabric)'의 핵심적 역할은 자본, 물자, 사람, 정보, 활동, 갈등, 긴장, 협력 등과 같은 다양한 인간적 활동과 에너지, 사회관계들이 모여 있도록 하는 상황을 만들고, 이러한 만남과 마주침의 역동적 상황을 통해 새로운 주체가 형성되도록 하는 것이다. 즉, 사람들이 서로 가까이 근접할 수 있고, 활동, 사건, 우연적 만남들이 동시적으로 발생할 수 있는 상황이 제공된다는 것 그 자체가 도시적인 것의 핵심적 역할이다. 그리고 사람들은 그러한 도시적 상황을 통해 강화된 마주침의 역량을 바탕으로 '도시인(urban people)'이라는 새로운 주체로 변모하고, 더욱 더 적극적이고 능동적으로 만남과 마주침을 추구하면서, 자신들의 사회적 삶과 일상, 도시 공간을 더욱 더 도시적이고 역동적인 것으로 변화시켜 나가는 것이다(Merrifield, 2013: 916) .

(4) 도시는 마주침의 정치가 벌어지는 장

하지만, 이러한 만남과 마주침의 장소로서의 도시는 그냥 자동적으로 주어지거나 원래 그렇게 존재하고 있는 것이 아니고, 도시적 환경과 상황에서 형성된 '도시인'들이 끊임없이 노력하고 투쟁하여 만들어가야 하는 것이다. 르페브르는 도시에서 만남과 마주침을 가로막는 다양한 분리와 장벽을 저주하면서 그에 대해 저항해야 함을 지속적으로 강조하였는데(Lefebvre, 2003: 174), 이를 바탕으로 메리필드는 마주침이 없다면 도시란 그 자체로 아무것도 아니며, 마주침을 가로막는 분리에 대해 사람들이 저항을 지속하는 한 도시에서의 마주침에 대한 가능성은 항상 열려 있다고 강조한다(Merrifield, 2013: 916). 즉, 도시는 만남과 마주침의 가능성을 제공하는 곳이지만, 동시에 이는 만남과 마주침을 가로막은 장애물에 대한 사람들의 저항과 투쟁이 지속되어야만 가능한 것이다. 하지만, 도시적인 직조는 이러한 마주침의 정치를 위한 행동이 가능토록 만들어주는 힘이 있다. 즉, 도시는 높은 사회적 접근성, 다양성, 공간적 집중성 및 동시성 등으로 인해 사람들 사이의 관계성이 매우 집약적이고, 즉각적이며 구체적으로 명확하여 언제든지 사람들 사이에 연결과 단절이 발생할 가능성이 매우 높은 장소이고, 그러한 역동적인 사회-공간적 환경을 제공하는 것이 도시의 역할인 것이다(Marrifield, 2013: 916).

4) 도시혁명의 관점에서 스마트 도시 다시 읽기

이미 지나간 산업사회의 문법에 기댄 산업혁명의 시각이 아니라, 도시사회의 등장을 직시하는 도시혁명의 관점에서 '스마트 도시'라는 현상은 어떻게 이해할 수 있는가? 스마트 도시에 대한 손쉬운 비판은 스마트 도시론 그 자체를 자본축적과 이윤 추구를 위한 자본주의 이데올로기로 규정하고 부정하는 방법일 것이다. 하지만 앞서도 지적하였듯이 지금 인류의 삶은 도시적 관계와 직조를 중심으로 구성되고 있다. 그리고 스마트 도시론이 강조하는 플랫폼 경제, 연결망의 강화, 빅데이터, 인공지능 등과 같은 새로운 기술-사회적 현상들은 우리의 삶을 엄청나게 변화시키면서 우리 곁으로 몰려오고 있다. 도시사회의 실제(reality)를 선명하게 보여주는 도시혁명의 관점으로 스마트 도시 현상에 대한 새로운 재해석이 어느 때보다 필요한 이유이다.

스마트 도시에 대한 대부분의 논의들은 스마트 도시라는 특정한 형태의 물질적 도시를 어떻게 생산할 것인지, 그리고 그 도시가 어떻게 스마트 기술을 이용하여 도시 내부의 자원 배분과 의사결정을 더 효율적으로 만들 것인가에 집중되어 있다. 결국 '방법론적 도시주의'의 문제에서 자유롭지 않다. 게다가, 한국의 스마트 도시론은 '방법론적 도시주의'뿐 아니라, '방법론적 국가주의'의 문제도 지니고 있다. 특히, 발전주의 국가의 관성 속에서 국가 차원의 경제성장과 산업발전의 논리를 바탕으로 새로운 성장 동력 확보의 차원에서 스마트 도시 만들기가 시도되고 있어, 국가라는 공간적 스케일을 중심으로 정치-경제-사회적 과정을 이해하고 설명하려는 관점이 여실히 드러나고 있다. 그리고 이러한 관점하에서 스마트 도시는 도시적 과정을 통해 구성되는 것이 아니라, 국가적 차원의 성장과 발전을 도모하는 데 수단이 되는 물질적 대상으로 이해되는 것이다.

이러한 한계를 극복하기 위해서는 만남과 마주침의 장소라는 도시적 특성에 대해 집중할 필요가 있다. 4차 산업혁명론과 스마트 도시론에서 자주 강조되는 플랫폼 경제, 공유경제 등은 기본적으로 다양한 행위자들의 만남과 연결이라는 도시적 특성과 깊이 관련된다. 사실 1990년대 중반 이래로 경제지리학을 중심으로 다양한 이질적 산업들이 복잡한 사회적 분업 구조를 형성하면서 특정의 도시를 중심으로 공간적으로 집적하여 만들어내는 '도시화 경제(urbanization economy)'에 대한 관심이 증가하였고, 이를 바탕으로 산업클러스터, 혁신도시, 창조도시 등과 같은 다양한 도시 담론들이 등장하였다. 즉, 만남과 마주침의 장소로서 도시가 지니는 상황적 특성이 새로운 자본 축적의 동력으로 받아들여지면서 도시가 성장과 혁신의 중심으로 각광받기 시작한 것이다. 크게 바라보면 4차 산업혁명론과 연결된 스마트 도시론도 이러한 논의의 연장선상에 있는 것으로 볼 수 있다. 즉, 만남과 마주침이라는 도시적 특성을 산업발전과 새로운 축적동력 확보라는 자본주의의 정치-경제적 필요에 부응하도록 이용하려는 것이 스마트 도시론의 중요한 한 축이라 할 수 있다.

하지만, 스마트 도시담론은 만남과 마주침이라는 도시사회의 한 중요한 특성을 포착하는 데는 성공하였으니, 이를 산업사회의 문법과 시선으로 해석하다 보니, 도시는 마주침의 정치가 벌어지는 장이라는 도시사회의 다른 중요한 특성을 놓치고 있다. 앞에서 지적하였듯이, 만남과 마주침의 장소로서의 도시는 그냥 주어지는 것이 아니라, 만남과 마주침을 가로막고 갈라놓는 장애물과 장벽에 대해 '도시인'으로의 정체성을 가진 새로운 주체들이 끊임없이 저항하고 투쟁함을 통해 획득되는 것이다. 즉, 만남과 마주침을 위한 사람들의 정치적 실천이 펼쳐지는 장이 도시이고, 그러한 정치적 실천까지도 도시적 현상의 일부로 받아들이고 도시사회의 미래에 대해 논하여야 하는 것이다. 하지만, 스마트 도시 담론은 이러한 정치적 과정에 대해서는 무관심한 채, 사람들 사이의 만남과 마주침을 경제적으로 이용하는 데에만 관심을 기울이고 있다. 그러다 보니 최근 플랫폼 경제나 공유경제를 둘러싼 사회적 갈등과 논란에서 잘 드러나듯, 도시에서의 만남과 마주침을 스마트 기술 활용의 중요한 자양분으로 삼고, 스마트 기술을 통해 그 만남과 마주침을 더욱 활성화하면서, 이를 바탕으로 도시에서의 혁신을 자극하고 경제적 효율성과 생산성을 높이겠다는 스마트 도시의 약속은 제대로 지켜지지 않은 채, 도시공간에 활용된 스마트 기술들은 이윤 추구의 상품화 논리에 기댄 새로운 디지털 영토화를 초래하여 도시적 만남과 마주침을 오히려 저해하는 장애물로 기능하고 있는 실정이다.

2022년 이슈가 되었던 어느 배달업체의 수수료 인상 발표, 플랫폼 기업의 노동착취, 그리고 이를 둘러싼 사회적 갈등과 분란은 도시적 특징인 만남과 마주침이 이윤추구의 논리 속에 이용될 때, 어떻게 도시에서의 자유로운 만남과 마주침, 소통이 방해받을 수 있는지 잘 보여준다. 또한, 스마트 도시를 건설하겠다는 여러 지방자치단체의 개발 계획 이면에는 '스마트 도시'라는 화려한 수사와 상상의 이미지를 이용하여 도시의 물질적 공간을 더욱 상품화하여 투기적 이득을 추구하려는 투기적 도시화의 욕망이 존재하고 있는데, 이는 연결과 소통의 이미지에 기댄 스마트 도시가 공간을 더욱 더 인클로징하는 투기적 개발의 수단으로 이용될 수 있음을 잘 보여준다. 게다가 도시에서의 이동과 흐름에 대한 다양한 정보들이 인공지능과 빅데이터 기술을 바탕으로 도시를 더욱 더 효율적으로 계획하고 관리할 자원으로 이용된다는 유토피아적 청사진 뒤에는 도시민들의 삶에 대한 감시와 통제가 더욱 더 고도의 수준으로 이루어져서 자유로운 만남과 마주침을 막는 장벽과 장애물이 새로 만들어지는 비극적 현실이 자리하고 있다.

결국 스마트 도시론은 도시사회에서 벌어지는 다양한 마주침의 정치, 분리에 대한 저항 등의 실천적 과정들은 무시한 채, 산업주의의 논리, 일부 자본 분파와 지배계급의 물질적 이해만을 반영하여 도시화 과정의 일부 선택된 측면만 강조하는 논리이다. 즉, 최근의 도시사회의 변화에 대한 중립적 재현을 제공하지 못하고 편파적으로 특정한 이해만 반영하는 이데올로기로 전락하고 만 것이다. 따라서 도시사회의 또 다른 중요한 요소인 만남과 마주침의 정치를 활성화하는 정치-경제-사회-문화적 전환 없이 스마트 기술만으로는 도시사회의 발전과 진보를 가져올 수는 없다. '도시에 대한 권리'를 신장하여 도시민들이 도시의 공간과 자원의 이용·전유에 있어 보다 개방된 접근권을 보장받는 것은 이러한 도시적 전환에서 매우 중요한 출발점이 될 것이고, 이러한 기반 위에서 스마트 기술을 보다 민주적이고 정의롭게 활용할 수 있을 때만이 우리가 살아가는 도시사회를 보다 포용적이고, 덜 착취적이며, 보다 지속가능하게 만드는 데 도움을 줄 수 있을 것이다.

4. 결론: 스마트 기술과 해방적 도시사회의 아름다운 만남은 가능한가?

르페브르는 도시혁명의 과정을 통해 행성적 도시화가 진행되고, 그 결과로 나타나는 도시사회가 도시민들에게 억압적일지, 아니면 해방적일지에 대해 하나의 정해진 방향성 대신에 열려 있는 답을 제시하였다. 특히, 거리(street)와 기념비(monument)라는 두 상이한 공간이 도시사회에서 드러내는 이중적 성격에 대해 논하면서, 도시사회의 미래에 대해 은유적으로 묘사한다. 먼저, 거리는 축제가 열리고 사람들의 자유로운 만남과 마주침이 이루어지는 해방의 공간이기도 하지만, 동시에 현대 자본주의 도시에서는 최고의 상품화와 투기적 축적이 이루어지는 공간이기도 하다. 기념비 또한 지배집단과 권력을 기리고 상징하는 억압적 경관이자 공간이지만, 동시에 도시의 몇몇 기념비들은 도시민들을 모이게 하고 유토피아적 비전을 상상하고 느끼게 하는 상징화된 공간으로 역할을 하기도 한다(Lefebvre, 2003: 18~22).

거리와 기념비가 지니는 이러한 이중적 성격이 암시하듯, 도시혁명을 통해 출현하는 도시사회의 현실 또한 이중적이다. 스마트 도시의 예에서 잘 드러나듯, 도시적 만남과 마주침의 증가로 특징지어지는 최근의 도시화 과정은 새로운 축적 체제, 새로운 규율과 통제의 시스템을 구현하는 중요한 계기로 작동하며, 도시공간의 상품화와 영토화를 촉발하여 도시사회의 모순과 갈등을 더욱 심화시킬 수 있다. 하지만 동시에 이러한 도시화 과정은 자유로운 만남과 마주침을 통해 자아를 실현하고자 하는 새로운 주체로서의 '도시인(urban people)'의 출현을 가능케 하고(Merrifield, 2013: 916), 만남과 마주침을 가로막는 각종 장애물에 대한 저항과 투쟁을 고양시켜, 새로운 도시적 급진주의를 형성하는 중요한 기반이 될 수도 있다.

이처럼 도시혁명을 통해 우리 앞에 나타나고 있는 도시사회의 미래는 결정되어 있지 않으며, 도시민들의 실천을 통해 만들어지는 것이다. 르페브르가 거리와 기념비에 대해 제공한 중의적 은유처럼, 스마트 기술이라 불리는 기술적 진보도 이중적 방식으로 도시사회에 영향을 줄 것이다. 주류 스마트 도시론이 제시하는 낭만적 전망처럼, 스마트 기술들이 만남과 마주침을 촉진하고, 수평적 네트워크와 연대를 활성화하며, 플랫폼을 기반으로 지식, 자원 등의 공유에 기여하여 도시에 대한 권리의 신장, 마주침의 정치의 확장 등에 기여할 수도 있을 것이다. 하지만, 스마트 도시에 대한 비판론이 우려하는 것처럼, 스마트 기술은 도시민들의 삶을 감시하고 통제하여 만남과 마주침을 방해하고, 도시 공간의 투기적 상품화를 촉진할 수도 있다. 특히, 한국처럼, 스마트 도시 담론이 '4차 산업혁명론'에 종속되어, 기술주의, 산업주의, 국가주의에 의해 깊이 포획되어 있을 경우, 스마트 기술과 도시사회 간의 비극적 만남의 가능성은 더욱 높다.

결국 스마트 기술이 해방적 도시사회의 구현을 위해 기여하도록 하기 위해서는 먼저 어떻게 국가의 산업화와 새로운 자본축적 동력의 창출에 기여하는 스마트 도시를 만들 것인가와 같은 질문에 더는 휘둘려서는 안 된다. 더 중요한 질문은 어떻게 우리가 살아가는 도시사회를 보다 살기 좋은 곳으로 만들 것인가이다. 그리고 더 나아가 도시민들의 '도시에 대한 권리'는 어떻게 신장시킬 것인가, 어떻게 도시에서의 만남과 마주침을 가로막는 장애물들을 극복할 수 있을 것인가 등과 같은 보다 구체적인 질문에 답해야 한다. 하지만, 브레너가 '도시적인 것(the urban)'을 스케일적 질문으로 재해석하면서 '방법론적 도시주의'를 비판했듯이(Brenner, 2019), 도시사회를 구성하는 만남과 마주침의 과정은 특정 도시지역 내부의 과정으로 국한되지 않고, 로컬, 도시, 지역, 국가, 글로벌 등 다양한 공간적 스케일에서 펼쳐지는 사회적 관계와 힘들의 복합적 과정이다. 따라서 스마트 기술을 도시사회의 해방적 전환을 위해 활용하는 것도 이러한 다중스케일적 운동과 정치적 실천을 통해서만 가능할 것이다.

참고 문헌

김선배. 2017. 「4차산업혁명과스마트지역혁신:정책모형과과제」. 산업연구원이슈페이퍼.

김태경. 2019. 「경기도형 스마트시티 조성 전략 - 민관협력의 개방형 혁신 플랫폼」. ≪이슈&진단≫, 1~25쪽.

도승연. 2017. 「푸코(Foucault)의 '문제화' 방식으로 스마트시티를 사유하기」. ≪공간과 사회≫, 59, 15~38쪽.

박준·유승호. 2017. 「스마트시티의 함의에 대한 비판적 이해: 정보통신기술, 거버넌스, 지속가능성, 도시개발 측면을 중심으로」. ≪공간과 사회≫, 27(1), 128~155쪽.

이정훈·김태경·배영임. 2018. 「4차산업혁명 혁신에 성공하려면: 한국형 도시 공유 플랫폼을 구축해야」. ≪이슈&진단≫, 326, 1~25쪽.

임서환. 2017. 「사회·정치적 과제로서의 스마트시티」. ≪공간과 사회≫, 59, 5~14쪽.

조주현. 2018. 「4차 산업혁명시대의 도시변화와 디지털트윈 기반 스마트 도시계획모델」. ≪도시정책연구≫, 9권 3호, 89~108쪽.

Angelo, Hillary & David Wachsmuth. 2015. "Urbanizing Urban Political Ecology: A Critique of Methodological Cityism." *International Journal of Urban and Regional Research*, 39(1), pp.16~27.

Brenner, Neil. 2019. *New Urban Spaces: Urban Theory and the Scale Question*. New York: Oxford University Press.

Fuchs, Christian. 2018. "Industry 4.0: The Digital German Ideology." *tripleC*, 16(1), pp.280~289.

Graham, S. 2002. "Bridging urban digital divides: urban polarisation and information and communication technologies(s)." *Urban Studies*, 39(1), pp.33~56.

Lefebvre, H. 2003. *The Urban Revolution*, trans. by R. Bononno. Minneapolis: University of Minnesota Press.

Mora, Luca, Roberto Bolici, & Mark Deakin. 2017. "The First Two Decades of Smart-City Research: A Bibliometric Analysis." *Journal of Urban Technology*, 24(1), pp.3~27.

Merrifield, A. 2013. "The urban question under planetary urbanization." *International Journal of Urban and Regional Research*, 37(3), pp.909~922.

Hollands, Robert G. 2008. "Will the real smart city please stand up?" *City*, 12:3, pp.303~320.

Schmid, C. 2012. "Henri Lefebvre, the Right to the City, and the New Metropolitan Mainstream." in N. Brenner, P. Marcuse, and M. Mayer(eds.). *Cities for People, Not for Profit: Critical Urban Theory and the Right to the City*. New York: Routledge, pp.42~62.

Schou, Jannick & Morten Hielholt. 2019. "Digital state spaces: state rescaling and advanced digitalization." *Territory, Politics, Governance*, 7(4), pp.438~454.

Joss, Simon, Frans Sengers, Daan Schraven, Federico Caprotti, & Youri Dayot. 2019. "The Smart City as Global Discourse: Storylines and Critical Junctures across 27 Cities." *Journal of Urban Technology*, 26:1, pp.3~34.

Smith, N. 2003. "Forward." In H. Lefebvre. *The Urban Revolution.* trans. by R. Bononno. Minneapolis: University of Minnesota Press, p.xi.

8장
일상의 스마트 도시*

심 한 별 (서울대학교 아시아연구소)

1. 디지털화하는 도시 삶과 스마트 도시

전면을 채운 CCTV 화면들과 통제센터로 연상되던 스마트 도시의 비전은 이제 디지털 기기와 함께하는 우리 일상 삶의 모습에서 등장하고 있다. 업무는 물론 사적인 개인 생활에도 스마트 기기와 SNS를 활용한 데이터 흐름이 개입되고 생산과 소비의 전 부문에 걸쳐 디지털화가 진행되면서 새로 개발된 도시가 아닐지라도 우리 일상이 '스마트'한 도시 삶의 구체적인 모습으로 채워지고 있다. 디지털 기간망을 통한 원격 의료나 교육 서비스와 같이 일찍이 송도가 '유비쿼터스(ubiquitous) 도시'라는 생소한 이름으로 불리던 때에 소개되었던 서비스들에 대해서도 이제 법제 개정을 둘러싼 상황이나 그것을 대하는 시민들의 태도가 사뭇 달라졌다(백경희, 2020). 우리 일상을 채우고 있는 디지털 기술과 스마트 도시의 전망, 이 상황을 우리는 어떻게 바라보아야

---

* 이 장은 심한별, 「일상의 스마트 도시: 보편화된 디지털 세계로서 스마트 도시 다시 보기」, 《공간과 사회》, 84(2023), 275쪽을 수정하여 실은 것입니다.

할까?

  알려진 대로 스마트 도시 개념은 데이터를 활용하는 디지털 기술로 인류가 직면한 도시문제를 해결할 수 있다는 기업의 제안으로 주목받았다(Kulesa, 2009). 그 제안은 디지털화된 도시기반시설을 통해 교통과 에너지는 최적 효율의 지속가능한 체계로 재탄생할 것이며, 재난과 범죄를 예방할 수 있고, 교육, 의료, 복지 등 도시 서비스에 어디서나 접근할 수 있게 함으로써 도시문제와 불평등을 완화할 수 있다는 희망적 기술론이었다(IBM, 2009). 다수 스마트 도시 프로젝트들이 세계 곳곳에서 시작되면서 실험과 시도가 펼쳐졌다. 우려와 비판도 뒤따랐다. 종국에는 데이터 기업의 욕망에 예속될 것이며 디지털 권력에 의한 감시사회가 전개될 것이라는 디스토피아적 전망, 편협한 기능주의적 접근일 뿐이라는 평가, 문제해결주의(solutionism), 기술적 합리성에만 기댄 기술복음주의, 19세기 모더니즘적 기획의 재림이라는 등의 비판과 냉소적 평가가 제기됐다(Greenfield, 2013; Morozov, 2013).

  그러나 비판론은 현실에 특별한 변화를 만들지 못했고 여전히 스마트 도시 기술개발과 사업은 세계 곳곳에서 진행되고 있다(Kitchin, 2015). 어떤 스마트 도시 사업들은 우려와 달리 비판 요소를 제거하고 균형을 잡아가고 있는 듯이 보이기도 한다. 예를 들어, 도시 데이터를 공개하고 디지털 기술을 시민들이 의사결정에 참여하는 도구로 활용하는 스마트 정부 모델(Aurigi, 2016; Moreno Pires, Magee, and Holden, 2017; Cardullo & Kitchin, 2019a; 2019b)은 아래로부터의 참여적 도시정치 실험이라고 평가된다(Cowley & Caprotti, 2019). 디지털 기술을 활용한 정부의 감시·통제 체제가 등장한 한편에서는(박철현, 2017), 토론토의 '퀘이사이드 스마트 도시(Quayside Smart City)' 사업처럼 각성된 시민들로부터 스마트 도시 사업이 거부된 사례도 나왔다(Jacobs, 2022). 우리나라를 포함한 최근 스마트 도시 사업은 환경, 에너지, 기후변화 대응 의제를 앞세우며 지속가능성을 위한 대안 추구의 노력으로 읽혀지기를 바라며(Viitanen & Kingston, 2014), '4차 산업혁명'을 이끄는 새로운 산업 부문으로 강조되기도 한다(박배균, 2020).

이렇게 국가나 사회에 따라 다른 시도들이 등장하는 상황은 사회 맥락과 구성원들의 선택에 따라 기술 적용의 목적과 내용이 달라지므로 '기술 자체는 문제가 없는 것'이라고 여기는, 기술에 대한 탈가치적 해석에 힘을 싣는다. 그 해석을 따른다면 스마트 도시에 대한 디스토피아적 우려와 비판에 전적으로 동의하기 어려우며, 기술 적용의 부정적 결과란 큰 장점에 부수되는 부작용 정도로 여겨지고, 기술의 오류 가능성이란 기술 운영 주체의 개인적 일탈 정도로 과소평가될 수 있다. 예들 들어 스마트 도시의 센서격인 CCTV는 감시 도구로 비판되기도 하지만, 대체로 범죄 예방과 범죄자 검거를 위해 어쩔 수 없이 필요한 안전 인프라로 받아들여지기도 한다(이관후·조희정, 2015; 강용길·염윤호, 2020). 페이스북 이용자의 정치적 성향을 무단 수집하여 선거에 이용했던 2018년 페이스북 스캔들은[1] 디지털 개인정보에 대한 사회적 논란을 소환했지만 페이스북의 이용률에 큰 영향을 주지는 않았다.

기술 현장에서는 구체적인 기술개발과 관련 법제 구축을 하나하나 진척해 가고 있다.[2] 우리나라에서는 2020년 1월 기업들이 개인정보 데이터를 활용할 수 있도록 하는 소위 '정보통신 3법'이 비판론자들의 강한 반대에도 불구하고 개정되었다.[3] 나아가 거주자들의 신체 건강정보를 포함하는 일상생활 전반을 기술 실증사업에 활용하는 '스마트 빌리지'가 2021년부터 부

---

[1]   영국 정치컨설팅 회사 '캐임브리지 애널리티카(Cambridge Analytica)'가 페이스북 이용자의 동의 없이 정치적 견해에 대한 개인정보를 수집하여 활용한 사건. Chan(2021) 참조.
[2]   데이터의 처리, 체계 간 데이터 호환성, 데이터 축적을 위한 허브, 데이터 소유와 권한을 둘러싼 거버넌스, 공동 API, 데이터 보안체계, 사물인터넷 표준 플랫폼, 자동화를 위한 인공지능 개발, 관련 법제화 등으로 세분되어 각각에 대한 기술개발과 실증 실험 등이 진행 중이다. 송재승 외(2019) 참조.
[3]   개인정보보호법, 정보통신망법, 신용정보법을 일컬으며 2020년 1월 9일 국회 본회의를 통과했다.

산에서 운용에 들어갔다. 센서가 설치된 도시 공간이라는 스마트 도시의 구상이 실제 시민이 거주하는 구체적인 주거 공간으로 등장한 것이다. 이 스마트 빌리지는 기술 수용을 위한 실험공간으로 창출된 것이지만, 그것을 위해 기존 법제의 제한을 해제하고 그 기술이 연계되고 운용되기 위한 사회제도 체계를 포함한다는 점에 더 주목할 필요가 있다.[4]

　기술적 측면에서 그 체계는 데이터 정보를 통합하는 디지털 플랫폼, 데이터 사용권과 소유권 관련 법제, 다양한 기술이 상호 연계될 수 있는 공통 표준 등을 포함한다.[5] 이 체계의 핵심은 스마트 빌리지의 다양한 공간적 요소 간 데이터의 생성, 축적, 교환, 연계, 처리 등을 가능하게 하는 것으로 요약되는데, '디지털 플랫폼'은 그 요소들이 연결되고 통합되어 작동하는 허브이자 실현체라고 할 수 있다. 알다시피 디지털 플랫폼 중심의 데이터 기술은 스마트 빌리지와 같은 예외적 공간에만 적용되는 것이 아니다. 자동화되고 지능화된 편의를 이미 우리의 일상생활 곳곳에 가져온 디지털 서비스들은 플랫폼으로부터 제공된다. 데이터 기술은 플랫폼을 통해 특별한 국면이나 눈에 띄는 이음새 없이 우리 일상의 다양한 사물과 사회적 관계에 이미 스며들었고, 그렇게 스마트 도시가 도달하고자 하는 궁극적 비전은 벌써 우리 삶에 '실재'하는 것이 되었다(Shelton, Zook, & Wiig, 2015).

　초기 스마트 도시에 대한 비판은 대체로 그것의 방법론적 기술주의에 대한 지적과 자본주의적 공간 생산방식에 대한 것이었다.[6] 그러나 언급한 대로 스마트 도시가 디지털 기술로 재편되고 있는 지금의 우리 일상과 무관하지 않다면, 데이터 기술이 우리의 삶의 방식과 도시 공간을 변화시키고 있는 상황과 그 의미를 간과할 수는 없다(Sadowski, Strengers, & Kennedy, 2021).

4　조상규·김용국·양시웅(2020) 참조.
5　한국수자원공사(2018), 'Busan Smart EcoDeltalCity Plan' 참조.
6　송도의 공간생산 방식에 대한 비판은 Shin, Park, & Sonn(2015), Shin(2016) 참조.

플랫폼과 데이터 기술을 통한 새로운 자본축적의 경로가 '데이터 자본주의'나 '플랫폼 자본주의'로 주목되면서 관심을 불러일으키는 것만큼이나 (Langley & Leyshon, 2017; Srnicek, 2017), 디지털화하는 도시적 삶의 방식 (digital urbanism)과 그것의 구현체로서 스마트 도시도 근원적인 변화라는 관점에서 검토해야 할 필요가 있다. 생산양식을 변화시킬 만큼 데이터 기술의 영향이 근원적인 것으로 등장한다면, 그것이 도시의 주요한 메커니즘으로 부상하는 것이 우리 삶의 방식과 함께 도시 공간의 의미도 변화시킨다는 것을 뜻하기 때문이다.

기술사회학의 초점인 기술과 사회의 관계라는 관점에서 스마트 도시는 데이터 기술이 도시의 중요한 부분으로서 통합되는 양태의 하나이다. 스마트 도시는 과거 '사이버도시(cybercities)', '비트의 도시(city of bits)', '네트워크 도시(network cities)', '디지털 도시(digital cities)', '유비쿼터스 도시 (ubiquitous city)' 등 다양한 이름으로 도시를 지향해 왔던 데이터 기술 실천의 역사적 경로를 잇는 것이다(Willis & Aurigi, 2018: 7). 산업혁명을 이끈 기술 집합이 근대적 도시 생성의 동력이 되었듯이 그 경로는 결국 도시 삶의 디지털화라는 큰 흐름을 향해 진행된 일련의 사건들로 이해할 수 있다. 이 글의 목적은 그 과정, 즉 디지털 기술(the digital)이 도시적인 것(the urban)으로 통합되는 과정에서 작동하는 도시적 삶의 방식을 재구조화하는 메커니즘과 변화될 도시 공간의 의미를 검토하는 것이다. 데이터 기술과 디지털 플랫폼은 도시적 삶의 주체로서 개인과 그들 사이 사회적 관계의 방식을 기존과 다른 방식으로 빚어내고 있으며, 주체로서의 시민과 도시 공간의 연결 양식도 바꾸고 있다. 그렇다면 도시 공간과 디지털 기술의 통합적 구성체로서 스마트 도시는 일찍이 짐멜이 언급했던 근대적 도시성7 자체를 뒤틀어 도시 삶

---

7   Georg Simmel, "The metropolis and mental life" in Lin, Jan & M., Christopher(eds.),

의 주체와 삶의 방식을 다른 것으로 주조할 것이다.

이 글의 구성은 다음과 같다. 첫 번째 절은 구체적 물리 공간으로 등장한 스마트 도시의 한 예시로서 부산의 '에코델타시티' 사업을 소개하고 그것의 기술 서사에서 등장한 스마트 도시의 구성 체계를 살펴본다. 이어 그 거주자가 갖게 되는 경험과 정동적 효과를 통해 스마트 도시 기획의 실천적 의미를 간과한 기존 비판론의 한계를 지적한다. 두 번째 절에서는 기술사회학의 관점을 통해 '디지털 도시주의' 즉, 도시적 삶의 방식이 디지털 기술로 매개되고 주조되는 급진적 변화가 견인하는 스마트 도시의 일상과 그것의 구성 메커니즘으로서 디지털 플랫폼, 개인으로서 주체, 그들의 사회적 관계, 물리적 공간 등의 상호 관계의 속성을 살펴볼 것이다. 세 번째 절에서는 스마트 도시가 전제하는 디지털 기술의 공간적 실천으로 인해 딜레마 상황에 놓이게 될 '공공성'의 처지에 대해 검토한다. 그것을 통해 디지털 플랫폼이 전제하는 개인의 '수행성(performativity)'과 물리적 공간의 공공성은 절대적 모순 관계에 있다는 점을 지적할 것이다. 마지막으로는 공공성 문제의 대응을 위해 플랫폼이 개인에 요구하는 수행성의 알고리즘에 대한 접근과 분석이 필요하다는 점을 강조한다.

2. 스마트 도시의 기술주의 서사와 비판론의 한계

1) 송도에서 에코델타시티로

2002년 개발이 시작된8 송도는 '스마트 도시'의 선도 사례(Smart City

The Urban Sociology Reader, (2013) pp.23~31. 참조.

Hub, 2017)로 당시 글로벌 미디어의 주목(Cortese, 2007)과 함께 관련 학술 논의도 다수 발표되었다(Shin, 2017). 생태적 가치가 큰 갯벌과 해안 습지를 매립했기 때문에 개발 자체가 우선 비판의 대상이었다. 비판론들은 주로 '국제도시', '허브도시', '물류도시' 등을 표방한 송도 개발이 발전주의 국가의 개발추구 주체들이 지방, 국가, 글로벌 스케일을 넘나들며 추동했던 성장정치의 산물이며, 갯벌을 해친 반자연적 개발임에도 '에코시티(eco-city)'와 '녹색 도시(green city)'로 둔갑해 있는 부조리를 지적했다(Kim, 2010; Shin, Park, & Sonn, 2015; Shin, 2017). 특히 투기적 부동산 개발에 기댄 성장추구라는 점에 비판이 집중되었으며, 그러한 맥락에서 기술이 제공한다는 '지속가능성'은 개발의 정당함을 포장하기 위한 수사로 해석한다.

그런데 송도 사업에서 개발된 기술 파급과 그 영향력을 고려해 볼 때 결과적으로 기술의 의미는 수사적 표현 이상의 것이었다.[9] 기술기업과 개발 주체에게 그것은 자신에게 천명하는 기술개발 의지의 표명이자, 도시에 통합할 기술을 통해 시민들의 삶의 방식을 바꾸는 새로운 도시를 만들 것이라는 이데올로기적 서사이며 그것을 구현하기 위한 기술 실천 목표의 선언이었다. 그 자기예시적 서사를 좇아 기술기업 시스코는 도시관리 프로그램을 탑재할 정보시스템과 인프라 기술을 개발하고 실증하는 작업을 송도에서 진행했고, 데이터를 수집, 처리, 축적하는 프로세스와 시스템을 송도의 기반시설 체계에 연결했다(Songdo IBD, 2018). 그 작업의 결과로서 송도는 디지털 기술을 개발하고 테스트하는 실험 도시(living lab)이자, 디지털 인프라가 도시

8 　정확한 시기가 중요한 것은 아니지만, 한국 정부가 GALE사와 새로운 도시개발에 대하여 접촉한 것은 2001년으로 알려진다. Kshetri, Alcantara, and Park(2014) 참조.

9 　원어 자체의 의미가 쉽게 이해되지 못하는 것은 물론 한국어 표현으로 바꾸기도 어려워 '유비쿼터스'라는 표음으로 사용되는 상황에서 그것을 수사적 목적으로 활용하여 마케팅 효과를 높이려 했다는 의도의 해석은 설득력이 충분치 않았다.

공간에 통합된 전형으로서 세계 곳곳에 복제될, 즉 수출을 염두에 둔 기술 '견본' 도시가 되었다(Halpern et al., 2013; Eireiner, 2021).

개발 초기의 송도를 통해 디지털 기반시설을 갖춘 도시개발 모델의 의미와 디지털 기술 적용의 영향을 파악하기란 쉽지 않은 일이었다. 입주 후 상당한 시간이 지난 시점까지도 기술체계는 아이디어 수준이거나 시험 과정에 있었기 때문에 거주자가 체감할 기술 서비스가 두드러지지 않았으며(Shwayri, 2013),[10] 무엇보다 스마트 도시의 도로 하부에 깔린 데이터 기반시설과 그 의미란 것도 그것이 고장이나 오작동할 때가 아니면 일상적으로는 '보이지 않는' 영역이기 때문이기도 하다(Latour & Hermant, 1999).[11] 그런데 그렇게 송도에서 불분명했던 기술 목표의 서사는 20년이 지난 시점에 다른 스마트 도시 사업을 통해 좀 더 구체적이고 분명한 모습으로 다시 등장한다.

부산에 건설되는 '에코델타시티'는 '국가 시범도시' 사업 중 하나로서 계획대로 진행되면 3000세대가 거주하는 신도시가 될 것이다.[12] 그 계획에는 특히 환경 부분 기술이 강조되는데 그것의 내용은 물, 에너지, 대기질, 교통 등의 지속가능성을 확보하는 기술 해법을 표방한다. 빗물이용시설, 분산 정수장, 실시간 물사용 모니터링, 친수구역 수질을 모니터링하는 센서와 데이터 플랫폼, 대기 중 미세먼지 저감 목적의 물방울 분사기, 환경정보를 실시간으로 보여주는 전광판 등의 "물·환경 관리 솔루션", 태양광, 수열, 지열을 포함한 "대체에너지 솔루션", 전기차 및 공유차, 수용 응답형 버스를 포함한

---

10 예를 들어, Shwayri(2013)의 연구는 시기적으로 앞선 송도에 대한 관찰이었지만, 송도가 미완성이기 때문에 판단이 어렵다는 점을 반복적으로 언급한다. 그리고 송도의 기술적 도시화에 대한 연구는 최근에서야 나타났는데 Eireiner(2021)는 쓰레기처리 시스템의 작동을 관찰하고 기술 인프라스트럭쳐가 거주자의 행위를 통제하는 권력의 매체라고 진단하였다.

11 Latour와 Hermant는 눈에 보이지 않는 물질의 흐름이나 인프라를 추적하여 구성(formation)과 가시성(visibility)을 분석함으로써 권력관계를 파악할 수 있다고 하였다.

12 2016년 산업용지 분양을 시작으로 차례로 물류용 토지와 공동주택지 분양을 개시하고 2022년 1월 현재 단독주택지를 분양 중이다.

"교통 솔루션" 등의 도시기반시설 기술에 해당한다.[13] 낙동강 및 지류의 하안과 자연을 삭제하고 개발이 진행된 과정은 송도 개발에서 갯벌을 매립했던 것의 반복이며, 도시가 직면하고 있는 물, 에너지, 교통 문제에 대한 해법으로서 기술주의 서사가 덧씌워지는 것도 송도에서와 마찬가지다.

2) '스마트 빌리지'에서의 기술 서사와 경험

에코델타시티 개발은 디지털 기술의 실용성을 검증할 공간으로 54세대 약 200명의 주민이 거주하는 '스마트 빌리지' 사업을 포함한다. 스마트 빌리지는 다른 곳보다 먼저 건설되어 2021년에 거주자들이 입주를 시작했다. 입주자 모집 공고에 따르면 3년 임대계약으로 시작하고 2년 연장할 수 있다. 전력과 수도 등 사용량에 따라 거주자가 부담하는 비용 외에 주택 자체의 임대료가 전액 무상이다. 대신 입주자는 개인정보 제공에 동의함으로써 리빙랩(Living Lab) 방식의 기술 실증실험에 의무적으로 참여하여야 한다. 실험 분야는 물과 환경, 에너지, 교통, 안전 및 로봇, 건강관리, 스마트팜 등 6개 섹터이며 각 섹터 별로 주민들의 실험 참여를 선도하는 역할의(facilitator) 리더(leader) 세대가 한 가구씩 배정된다. 입주 가구는 신혼부부, 65세 이상의 고령자가구, 장애인가구, 청년세대, 독신가구 및 기타 가구 등의 유형별로 모집하여 실험의 표본 유효성을 높이도록 했다.[14]

스마트 빌리지 거주는 곧바로 갖가지 스마트 기술개발에 필요한 실증실험에 상시적인 참여를 의미한다. 모든 거주자는 스마트 와치(smart watch)를 의무적으로 착용하며 각 세대에는 두 대 이상의 스마트 태블릿과 신체 건강

---

13   https://busan.ecodelta-smartcity.kr 참조(2022년 4월 접근).
14   부산에코델타스마트빌리지, '입주자 모집공고', 2020년 11월 11일.

정보 등이 표시되는 스마트 미러(smart mirror) 등 사물인터넷(IoT) 기기가 갖추어져 개인별 생체건강 정보와 행태 정보를 수집한다.15 이 실증실험의 성과는 향후 건설될 에코델타시티에 적용될 예정으로, 그곳 거주자들은 장차 사물인터넷으로 연결된 가전, 가구, 설비 주택에 살면서 실시간 건강 모니터링 장치를 통해 지역 의료체계 및 체육센터의 의료·건강관리 서비스를 받고, 센서와 자동화 알고리즘이 작동하는 가로등, 쓰레기통, 벤치 등이 설치된 가로에서 택배, 도로 청소, 경비를 담당하는 로봇들의 서비스를 경험할 것이다(국토교통부·한국수자원공사, 2022).

"ICT 기반 스마트 상수도. 가정용 정수기가 필요 없는 도시 내의 빌딩형 정수시스템. 관리까지 스마트하니까 물이 더욱 안전해집니다. 보행 압력식 발전시설. 빌딩에너지관리시스템(BEMS). 일상이 에너지가 되고 도시가 알아서 에너지를 관리하니까 에너지 걱정이 사라집니다. 자율주행 셔틀버스, 차세대 지능형 교통체계. 실시간 소통하는 도로를 너머 자율주행도 척척!! 통합 안전관리시스템. 맞춤형 도시 정보시스템으로 안전도 OK! 상상해 보셨나요? 모두의 상상력이 모여 함께 만드는 3차원 가상도시. 미리 체험하고 함께 만드는 스마트한 상상이 일상이 되는 도시. 지금까지와는 전혀 다른 도시가 당신의 삶을 바꿉니다. 대한민국 1st 스마트시티 국가시범도시 부산EDC 스마트시티"(출처: 부산에코델타시티 홍보동영상)

기술 자료에서 찾아볼 수 있는 에코델타시티의 기술체계는 다음의 세 가지다. 하나는 전력을 포함한 에너지, 물, 대기 관리 등의 기반시설 체계이며, 두 번째는 교통, 사물인터넷, 건강과 의료, 교육 등의 거주자들이 체감하는

---

15 개발 주체인 Kwater 관계자 인터뷰 내용(Belcher, 2022).

〈그림 8-1〉 대체 기술이 적용된 이상적 주거 환경으로서 '스마트빌리지' 소개 이미지

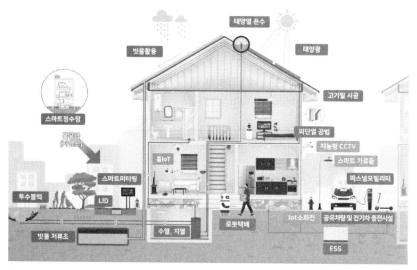

자료: 국토교통부·한국수자원공사, 2022.

서비스 체계이다. 세 번째 체계는 온라인 공간으로서 리빙랩 참여자인 거주자들의 참여와 피드백 등을 위한 것이다. 에코델타시티 건설 과정에서 설치되는 데이터 전송과 처리를 위한 데이터 기간망은 스마트 도시의 디지털 기반시설로서 위의 세 가지 체계를 구체적 도시 공간에 통합한다. 세 가지 체계에 각각 호응하는 온라인 기반은 우리가 '플랫폼'이라고 부르는 통합 데이터 연결망 체계로서, 로봇도시플랫폼(Robot city platform), 증강도시플랫폼(Augmented city platform), 가상도시플랫폼(Virtual city platform) 등 세 가지 플랫폼으로 구성된다. 이 플랫폼에서 도시기반시설, 로봇과 교통수단 등 움직이는 사물, 거주자 행태 데이터의 실시간 기록과 처리, 진단 및 예측, 대응, 그리고 사용자 피드백이 통합되어 운용된다.16

---

16 부산광역시 외(2018) 부산 스마트 에코델라시티 기본구상 발표자료.

데이터의 생성과 흐름이 이루어지는 통합체계의 구체적인 작동 과정은 물리 공간에서 보이지 않는다. 이 '비가시성'은 스마트 빌리지 거주자들에게 개인정보 수집에 대한 거부감을 완화한다. '무상' 주거라는 강한 보상도 입주 희망자가 공모에 청약할 당시, 혹은 거주 기간 중에 참여해야 하는 실험이 추가될 때 정보 제공에 동의하는 절차를 수월하게 할 것이다. 그렇게 저항을 줄이는 방식도 있지만, 무엇보다 시민들의 기술 수용을 유인하고 추동하는 강력한 동력은 새로운 기술의 경험과 그로부터 느껴지는 미적 숭고('digital sublime')의 정동이다(Mosco, 2004; Rose & Willis, 2019; Bennett, 2020).[17] 그것은 자발적이고 적극적인 기술 수용을 추동하는 가장 중요한 기제로서 기술이 제공하는 서비스와 편리성을 경험하게 함으로써 기술 효능에 긍정적 감정과 기술 사용에 대해 자발적이고 적극적인 태도를 만들어낸다.

예를 들어 언론 매체의 인터뷰에 응했던 한 스마트 빌리지 거주자는 그가 전에 살던 번잡한 부산의 작은 아파트에 비해 스마트 빌리지에서의 생활이 "휴가 와서 호텔에 사는 것 같다"(Belcher, 2022)고 대비하여 표현한다. 다른 입주자는 자동화된 공기청정기, 벽에 부착된 디지털 거울인 스마트 미러를 통해 존재를 드러내는 홈닥터, 그것과 연동된 스마트 와치가 제공하는 신체 건강상태 모니터링의 특별한 경험을 언급한다. 그는 교통난이 극심한 부산의 한 동네에서 발코니 없는 아파트에 살다 스마트 빌리지로 이주하였는데 특히 공기청정시스템을 스마트 빌리지의 매력적 경험으로 들었다.

---

17 숭고(sublime)는 미학적 개념으로서 두려움과 경외심을 동반할 정도로 측정이나 계산, 또는 인간적 상상을 뛰어넘는 초월적 미를 지칭한다(Kant, 1987: 232.) Mosco(2004)는 산업혁명 시기부터 이어져온 기술 숭고(technological sublime)의 연장선에서 사람들을 사로잡는 컴퓨터와 디지털 기술의 경험을 'digital sublime'으로 설명한다. 인간이 작동방식을 예측하거나 원리를 상상하기 어려울 정도로 발달한 디지털 기술은 사용자에게 마법과 같은 세련된 미적 경험을 선사하며 신비로움을 대하는 듯한 정동을 만들어낸다는 것이다.

"아침 7시에 제 방에 불이 자동으로 켜져요. 그리고 '안녕하세요, OO씨. 좋은 아침입니다. 몸을 스트레칭 하세요'라고 스피커가 말합니다. 몇 주 전에는 우리가 부엌에서 무언가를 태웠는데 공기청정시스템이 그걸 즉시 제거했어요. 시스템이 무언가 잘못됐다는 것을 감지하고 대처한 거잖아요. 이건 생각하는 집이예요."

"처음에는 여기서 산다는 것이 상당히 걱정스러웠어요. 지하철이나 버스 정류장도 없었고 음식 배달도 안 되고. 그래도 좋은 점은 언니와 부모님이 기술에 대해서 배우고 그것에 적응하는 것이에요. 결국 이 모든 것들이 바로 미래잖아요."(Belcher, 2022. 영어 원문을 연구자가 번역하여 옮김)

발전되는 미래 기술에 '적응'이 필요하다고 말하는 인터뷰 내용[18]은 스마트 도시 기술을 수용하는 그의 태도에 대해 시사하는 바가 있다. 완성된 스마트 기술이 일반 시민들에게 다가간다면 아마도 그들이 경험할 기술의 효능은 스마트 빌리지 입주 계약서에 포함된 개인정보 제공 동의가 끄집어내는 찜찜함도 없이 디지털 기술의 편의와 경이로움을 선사할 것이다. 그것에 반하여 예속과 감시 등 비판론이 지적한 바를 시민들이 의식하고 기술 효능에 중독되지 않는 독립적이고 주체적 태도를 유지하기란 쉽지 않은 일일 것이다. 또한, 기술에 사로잡히지 않고 기술을 주체적으로 사용하기란[19] 제도가 보장하지 않을 뿐 아니라 상당한 기회비용을 동반해야 한다. 일반적으로

---

[18] 거주자에 대한 공식적인 인터뷰 기회는 관리 주체가 허용하는 소수의 기회로 제한되어 있다.

[19] 과거 '탈옥'이라고 불리던 아이폰의 해킹처럼 이미 정의된 알고리즘을 수정하여 기기 사용자의 의도에 따라 재구성하는 것을 예로 들 수 있다. 개인이 임의적으로 행하는 알고리즘의 수정은 일종의 해킹으로서 타인의 정보를 탈취하려는 목적이 아니더라도 제도적으로는 제한되어 있으며, 전문적인 알고리즘 개발자 수준의 기술 능력이 동원되어야 한다는 점에서 기회비용을 필요로 한다.

사용자가 경험하게 될 즉각적이고 감각적인 기술 편의의 효용은 그것을 객관화하고 비판적으로 바라볼 만한 주체성보다 수월하게 다가온다. 인터뷰가 시사했던 것처럼 디지털 기술에 대하여 냉철한 비판 감각을 갖춘 디지털 시민성(digital citizenship)[20]이란 어쩌면 디지털 기술이 주조하는 미래에 뒤처지지 않도록 사용법을 열심히 학습하는 자아에 머무를지 모른다.

편의와 경이로움의 정동을 통해 다가올 에코델타시티는 시민들에게 다음과 같이 해석될 수 있다. 첫째, 디지털화된 기반시설은 도시문제 해결의 대안 또는 노력으로 보인다. 자신이 거주지로 선택한 도시는 최상의 에너지 효율로 배출가스를 줄여 기후위기에 대한 해결책을 다른 도시보다 앞서 실천한 도시로 인식된다. 둘째, 성공적으로 디자인된 데이터 기술의 적용은 이음새나 기계적 동작이 보이지 않는 마법과 같은 효과를 통해 개인의 필요에 섬세하게 부응하는 미적 경험의 환희와 긍정적 정동을 만들어낼 것이다(Slack & Wise, 2015: 23; Rose & Willis, 2019).[21] 셋째, '누구나' 접속이 가능하다는 플랫폼은 개방적이고 시민들의 민주적 참여 수단을 이상적으로 구현한 공공적 의사결정 공간이라고 여겨진다. 만약 그것의 활용과 시민의 참여가 부족하다면 그 원인은 기술 자체가 아니라 새로운 기술이 제공하는 기회의 창을 제대로 이용하지 않는 개인의 탓으로 돌려질 수도 있다. 어쩌면 스마트 도시 거주자는 기술이 선사하는 경험과 감각을 통해 자신을 기술로부터 독립된 주체적 자아라기보다는 기술 상품의 '행복한 사용자(end-user)'[22]나 기술의 오류를 지적하고 개선할 아이디어를 제공할 적극적 참여자로 여기며 기술

---

20 도승연(2017) 참조.
21 기술문화에 대한 논의에서 Slack & Wise(2015)는 산업혁명 시기부터 시작된 기술 숭고의 경험이 러다이트 운동과 같은 기계 문명에 대한 거부감에도 불구하고 '기술은 곧 진보(progress)'라는 긍정적 정동을 만들어내며 디지털 숭고까지 이어졌다고 진단한다.
22 송도 사례를 자세히 상술했던 Kshetri, Alcantara, and Park(2014)는 도시개발에 기술기업의 참여를 결정한 정부를 스마트 도시의 'end-user'로 표현했다.

서비스의 밀도를 더 높일 것을 기업에 요구할는지도 모른다. 요컨대 디지털 기술 서비스의 경험은 편의와 취향의 정동을 통해 스마트 도시에 대한 비판으로부터 시민들의 정서적, 실천적 거리를 멀어지게 한다.

3) 스마트 도시 비판론의 역설

지속가능한 번영을 위해 "도시는 더 스마트해져야 한다"로 요약되는 간결한 IBM의 제안은[23] 스마트 도시 비판의 주요한 발화점이었다(Willis & Aurigi, 2018). 비판 지점은 대체로 도시를 시스템으로 간주하는 인식론과 기술중심적 접근 방법이었다. 스마트 도시의 시스템이란 "계산 가능한" 도시 속성과 상태에 대한 '과학적' 혹은 분석적 접근(Batty, 1995; 2013)과 문제 해결방법으로서의 기술체계를 도시 인프라로 편입하는 기술적 '방법론'이라고 할 수 있다. 반면 비판론은 도시를 시스템으로 보는 시각이 사회의 복합적 상황을 계산과 최적화로 해결이 가능한 간단한 문제들의 단순한 집합으로 이해하는 오류를 지녔다고 지적하며(Willis & Aurigi, 2018) 그것의 '인식론'을 문제 삼는다. 기술시스템은 복잡다단한 도시의 모든 것을 담아낼 수 없으며, 특히 정치적 차이나 사회적 맥락을 반영하지 못하기 때문에 시스템적 방법론이란 다양할 수밖에 없는 상황들에 대한 개입을 하나의 소프트웨어 체계로 환원해 버리는(Graham & Marvin, 1996: 88; Kitchin, 2014) 단순화 시도에 불과하다고 평가한다(Willis & Aurigi, 2018).

앞선 비판의 한계를 지적하는 수정된 비판론도 이어졌다. 그것은 다양하게 시도된 실제 사례들에서 비판론의 지적과 대치되는 지점이 생겨나고 있

---

23 IBM 글로벌 비즈니스 서비스의 Executive summary, "A vision of smarter cities: How cities can lead the way into a prosperous and sustainable future." https://www.ibm.com/downloads/cas/MYAZ6AD9

으며, 기존 비판론은 확장하고 있는 스마트 도시의 의제를 충분히 다루지 못하고 변화하는 기술에 대해 너무 단순한 이해에 머물러 있다고 지적한다(Kitchin, 2015: 132). 이 관점에서 송도는 그 이후에 생긴 다른 스마트 도시에 적용하는 ICT 기술을 개발하고 실험하는 도시로서 파악되는데(Halpern et al., 2013), 절대적으로 경직된 경로나 목표가 설정된 것이 아니라 개발된 기술 성과의 활용 방향을 열고 있다는 것이다(Leszczynski, 2020). 기술개발 기업들의 변하지 않는 자본축적 동기라는 것은 유연성을 가져서 사회적 필요에 따라 그들의 기술 내용과 목표를 수정하는 것을 배제하지 않는다. 정부가 데이터 개방, 새로운 거버넌스, 의사결정에 대한 시민의 참여 등으로 목표 의제와 실험을 확장하고 있다는 점도 긍정적으로 언급된다(Corsin Jimenez 2014; Kitchin, 2015; 박준·유승호, 2017). 이에 따르면 일종의 실험공간으로서 스마트 도시 개념은 앞으로 상황에 따라 유동적일 것이며(임서환, 2017), 개발될 기술 서비스의 내용도 그에 따라 변화할 것이다.

이 같은 흐름은 다수 스마트 도시 사례에서 확인할 수 있다.24 스마트 도시에 대한 비판론이 제기한 지적들이 이후 개발될 기술의 새로운 과제나 목적 – 예를 들면, 시민들이 참여하는 정치적 의사결정 도구와 같은 – 으로 재설정되면서 수정된 기술주의의 안내자로서의 소임을 수행하는 것이다. 결국, 비판론이 다시 기술주의 방법론의 수정과 발전에 기여하는 순환적 구조를 구성하게 되면서, 송도의 경우는 기술적·사회적 실험 도시라는 목표 달성에 가깝게 다가서는 셈이다. 이러한 기술주의와 그 비판론의 상보적·순환적 구도는 결과적 해석이라는 점에서 기술의 사회적 구성론(the social construction of

---

24 런던의 open data stores, 코펜하겐의 smart energy solution, 암스테르담의 smart citizen lab, 빈의 energy saving block chain, 호주 타운스빌의 smart water pilot, 항저우의 AI based traffic system 등. 'Global trend for smart city development' 부산에코델타시티 기본계획 발표 자료 참조.

technology: SCOT)(Bijker & Law, 1992)과 맞닿아 있다. 스마트 도시 기술이 사회적 필요에 따라 '자연스럽게' 재구성되는 것으로 설명되고 세계의 곳곳에서 진행되는 스마트 도시 실험들은 해당 사회의 맥락에 따라 각기 다른 내용과 목적을 갖는 것도 마찬가지로 설명된다.

그렇다면 그러한 비판적 성찰을 동반하는 스마트 도시의 기획이란 대안 찾기의 사회적 방법론으로서 성공한 모델이 아닌가? 이런 구도라면 기술은 어떠한 수정 과정을 거쳐 사회에 어떻게든 안착할 것이고 비판론의 입지는 그 과정에 참여하는 성찰일 뿐이다.

4) 비판론의 새로운 위치

비판론이 다시 기술주의의 보완에 기여하는 순환적 구조는, 비판론이 견지하고 있는 도시에 대한 관점과 기술 해법주의의 침윤으로부터 보호되어야 한다고 여겨지는 도시와 기술의 관계에 관한 규범적 사고로부터 기인한다. 비판론의 입장에서 중요한 지점은 도시가 기술적인 것만으로 단연코 대체될 수 없는 역사적이고 맥락적인 배경과 사회적인 것, 정치적인 것 등으로 가득 차 있는 곳이라는 사실이다. 기술주의에 대한 비판론에는 기술이 아무리 발전하더라도 과정적이고 무한히 복합적인 '도시적인 것'을 담아내지는 못할 것이라는 냉소가, 다른 한편에서는 사회적 성찰이나 고민 과정 없이 거침없이 확산해 오는 기술적인 것의 침탈로부터 도시의 고유한 부분을 방어해야 한다는 규범적 태도가 함께 있다. 두 입장은 기술의 능력에 대해 상반된 평가에 해당하지만, 도시적인 것, 혹은 사회적인 것이 '기술을 길들일 수' 있어야 한다는 당위는 공유한다.

문제는 이러한 규범적 사고의 시야에서 실재하는 기술 확장의 구체적 현실과 현상이 의미 있는 것으로 인식되지 못할 때 발생한다. 예를 들어, 기술을 '길들인다'는 것은 디지털 기술기업에 데이터 투명성을 요구하고, 개인과 사회가 기술 예속에서 벗어날 수 있도록 데이터 기술의 권력 구조를 이해하고, 기술의 해독 및 구사 능력과 함께 비판적 태도를 겸비하는 디지털 시민성을 강조하는 등의 조건적 대항책들을 강조한다.[25] 그러나 대안들은 모순적이게도 '고양이 목의 방울'처럼 필요한 전제 조건들을 확보하기 어렵다. 기술 길들이기는 성찰적 담론으로서 유의미함에도 불구하고 이미 디지털 속에 흠뻑 젖어가는 한 개인의 일상에서 실천적 동력으로 작동하기란 앞서 언급했던 페이스북 스캔들에서처럼 쉽지 않다. 제도적으로도 기술개발과 병행하는 사회적 선택은 항상 그에 대한 저항적, 수세적 상황만을 반복해 온 듯이 보인다. 규범적 사고가 현실을 당위적으로 부정함으로써 실재하는 현실을 직시하지 못하게 되고 결과적으로 그것에 대한 분석에도 이르지 못하게 되는 것이다.

우리는 앞서 예를 들었던 스마트 빌리지의 물, 에너지, 디지털 통신망 등 기반시설에서 데이터 기술로 자동화된 '측정, 예측, 효율적 통제'가 가능한 시스템으로 관리될 수 있다는 신념과 그것의 구체적 실천을 목도하고 있다. 또한 스마트 빌리지에서 의사결정 과정과 주민들의 참여를 확장할 수 있다는 '바람직한' 서사를 가진 피드백 플랫폼의 등장도 그 효과나 진정성 여부와는 별도로 실재하고 있다. 무엇보다 우리는 이미 사회적이고 정치적인 활동마저 디지털 세계로 옮겨가고 있는 상황을 경험하고 있다. 그 현실을 직시한다면 디지털 기술의 개입과 그 역할에 대한 쟁점으로 점점 채워지는 '지금

---

25 이 글이 초점을 둔 기술로부터 독립적인 주체라는 의미와는 다소 거리가 있는 해석도 많다. 디지털 시민성은 특히 디지털 환경에서 균형 잡힌 능동적 참여에 초점을 둔 청소년 교육과 커뮤니케이션 윤리 교육에서 강조되면서 다수 관련 연구들이 등장한다. 이수정, 「근거이론을 적용한 청소년의 디지털 시민 참여에 관현 연구」(서울대학교 박사학위 논문, 2022); 금희조 외, 『디지털 커뮤니케이션 윤리와 시민성』(성균관대학교 출판부, 2022); 추병완, 『디지털 시민성 핸드북』(한국문화사, 2019) 등 참조.

여기' 우리 일상의 도시적 삶도 디지털 기술이 확산해 오는 스마트 도시 현장인 셈이다. 즉 스마트 도시는 비단 특정 개발사업으로 기획된 곳이 아니라, 디지털 기술이 근원적 메커니즘으로 작동하는 도처에서 진행되고 있는 전면적 현상이다.

달리 말하면 지금의 상황은 디지털 기술의 확장으로 촉발되는, 기존과는 다른 도시가 출현하는 과정에 있다. 그렇다면 비판적 분석은 어떤 도시가 만들어지고 있는지에 대한 관찰과 자각에서 시작된다. 핵심은 도시에 대한 인식론을 규범적으로 고수하는 것이 아니라 새로운 현상으로서 스마트 도시를 '어떻게 해석해야 할 것인가'의 문제이다. 그것은 전면적이고 가속적으로 디지털화하는 도시를 어떻게 분석할지에 대한 방법론을 포함한다. 그래서 비판론이 수행해야 할 바는 '스마트 도시'라는 서사 속 낙관적 기술주의가 어떤 기술을, 어떻게 사용하여, 어떤 도시를 만들고 있는지 구체적으로 드러내야 하는 작업이다. 그리고 그것이 기술주의의 모순을 정확하게 규정하고 그에 대항할 수 있는 해방적 대안을 상상할 수 있는 근간이기도 하다.

3. 스마트 도시 다시 보기

1) 디지털 구성체로서 스마트 도시

앞서 언급한 규범적 태도의 근원에는 기술과 사회가 서로 독립적 영역이라는 인식이 자리한다. 그러나 기술과 사회는 서로 엮여 존재하는 것으로서 독립적 영역으로 취급하기 어려운 상호 구성적 관계에 있다고 보는 것이 타당하다. 기술 자체의 구성에는 이미 사회문화적, 공간적, 정치적 과정이 개입하여 권력 구조가 내포되기 때문에 그룹 간 상호작용의 구조나 자원 및 권한의 배분 등 사회적인 것이 기술 구성과 함께 조직된다. 그런 관점에서 보면 우리가 경험하는 도시는 기술-사회적인 것으로 가득 차 있으며(Farias & Bender, 2010: 198) 역사적으로도 도시는 변화하는 기술체계와 함께 전개되었다. 변화의 관점에서 도시는 기술과 함께 변화하는 기술-사회적 과정(cities as techno-social processes) 자체이며, 동일한 맥락에서 스마트 도시는 디지털 기술이 개입되는 새로운 도시적 삶의 방식과 도시성이 빚어지는 변화로 이해할 수 있다.

상호 구성 능력을 지닌 기술과 사회적인 것의 관계는 그들 중 어느 것도 수동적인 배경이 아니라는 것을 의미한다. 사회를 이루는 개인과 집단 주체뿐만 아니라 디지털 기술로 생성되는 데이터 체계와 플랫폼, 그것을 통한 타인과의 상호작용과 그로 인한 정서적 공동체의 생성을 포함하며, 그 상호 구성적 관계는 도시 공간으로 확장되어 있다. 도시를 구성하는 물리적 공간과 그것을 채우는 사물, 디지털 기술을 매개로 사람들이 사물과 공간을 이용하는 방식, 그 방식을 가능케 하는 사물과 공간의 형태, 데이터 기술이 적용되는 도시에 대한 경험, 태도, 신념과 같은 시민들의 지배적 정동 등, 기술적, 사회적, 경제적, 공간적, 정치적 체계 전체가 기술-사회를 이룬다. 그래서 스마트 도시는 그러한 새로운 도시적 삶의 방식을 담아내도록 디지털 기술, 사회적인 것, 물리적 공간이 서로 맞물려 작동하는 메커니즘으로 조직되는 '디지털 구성체(digital formation)'이다(Latham & Sassen, 2005).

스마트 도시 구성체의 핵심에는 '디지털 플랫폼'과 '데이터'가 자리한다. 플랫폼 형식이 담아내는 디지털 체계는 이제 거의 모든 분야의 지식과 정보의 채널이 되고자 하여, 개인과 집단의 경제적·사회적 상호작용을 디지털 세계로 빨아들이며 축적, 처리, 전달의 알고리즘을 위한 데이터의 형태로 전환한다(Leszczynski, 2016). 도시의 물리 공간과 사물에는 통신망과 전력망이 심어져 공간에 존재하는 개인을 플랫폼의 데이터 세계에 투사하는 매개로 작동하여 개인과 집단의 행위를 측정하고 기록하는 센서로 역할하며, 사전에 정의된 알고리즘에 따라 처리된 데이터는 통신망을 통해 플랫폼으로 수렴된다. 그렇게 스마트 도시는 디지털 기술이 전면적으로 보편화된 도시로서 디지털 세계와 물질세계의 양면에서 동시에 존재하는 메타 플랫폼을 추구한다(이광석, 2021).[26]

이 플랫폼 기반의 디지털 기술을 통해, 데이터의 생성과 전송, 축적, 대응 등의 능력을 함유한 도시 공간에서 데이터 기술이 개입하는 방식의 도시적 삶의 생성, 그것이 스마트 도시가 선언하는 서사의 본질이다. 스마트 도시라는 메타 플랫폼은 개인과 타인의 상호작용을 수용하는 장이 됨으로써 스마트 도시가 '사회적인 것'까지를 포괄하는 기술-사회 구성체를 추구한다. 데이터와 플랫폼이 사회적인 것을 수용한다는 것은 개인이 데이터로 대리되는 디지털 주체로, 사회는 데이터와 알고리즘으로 매개되는 타인과의 관계 맺기로, 도시 공간은 디지털 기술의 물적 기반시설과 데이터 생성의 매개체로 다시 구성된다는 것을 의미한다. 따라서 스마트 도시에 대한 접근은 디지털 기술-사회 체계가 어떻게 주체와 도시를 구성하는지를 분석할 수 있는 방법론으로 구체화될 필요가 있다.

2) 참여하는 자로서 디지털 주체: 스마트 도시는 왜 '참여'를 요구하는가?

스마트 도시는 진실로 시민들의 참여를 욕망한다. 그것은 비판론의 지적과 반대로 실질적 행위 능력이 제거된 상태를 호도하는 수사적 표현이 결코 아니며, 스마트 도시가 요구하는 개인의 참여는 실제적이고 구체적인 것이

---

26 이광석은 물질계를 포함하여 physical과 digital의 합성으로서 디지털화되는 세계를 "피지털 (physital)"이라고 명명한다. 이광석(2021). 참조.

다. 예를 들어, 스마트 빌리지의 기술 실증에는 입주 계약서에 참여를 의무화할 만큼 입주자의 사용 경험과 피드백 데이터가 핵심이다.27 개발 주체의 서사는 스마트 빌리지를, ① 개발된 기술에 적용할 사용자 중심 디자인을 탐구하는 실험실, ② 기술개발 과정의 참여자들의 의사소통이 이루어지는 곳, ③ 다수 리빙랩이 모이는 허브이자 네트워크, ④ 어떤 개발된 기술이든 가져와 실험할 수 있는 곳, ⑤ 기술 적용을 위해서는 기존 규제가 해제된 공간, ⑥ 기록된 데이터의 거래가 이루어질 수 있는 데이터 시장, ⑦ 시민이 참여하여 기술혁신을 이루는 공간 등으로 설명하는데('Busan Smart EcodeltaCity Plan', 2018), 이 모든 경우의 의미는 어떤 형식으로든 참여와 개방성에 초점을 맞추고 있다.

마찬가지로 스마트 도시는 플랫폼을 기반으로 삼기 때문에 거주자의 참여에 의존하게 된다. 참여가 근원적 필요인 이유는 스마트 도시의 데이터 플랫폼이 유의미한 디지털 세계로 창출되려면 데이터의 흐름이 필요하며 그 데이터를 생성하는 유일한 것이 바로 주체의 '참여'이기 때문이다. 즉 스마트 도시가 요구하는 개인의 참여란 이미 만들어진 디지털 세계로 유영할 주체를 초대하는 것이 아니다. 바로 그 디지털 세계 자체가 '참여로 인해' 창출된다. 이 때문에 거의 모든 디지털 플랫폼은 개방성을 강조한다.28 우리가

27 "현재의 모든 입주자는 정보의 제공이 얼마나 중요한지 잘 알고 있습니다. 스마트 빌리지를 통해 얻는 데이터로 우리는 더 스마트한 도시를 건설할 것입니다" 스마트 빌리지 관계자 인터뷰(Belcher, 2022).
28 개방성과 동시에 상업적 디지털 플랫폼처럼 데이터를 처리하여 그 가치를 상품화하고 활용하는 차원에서는 독점적이고 폐쇄적이고자 하는 동인이 존재한다(이광석, 2021). 개방성과 폐쇄성이 공존하는 플랫폼의 이중성은 비판론과 활용론의 갈림길을 만든다. 예를 들어 스마트 도시에서의 활용론은 플랫폼의 개방성과 확장성을 통해 정보 투명성을 높이고 의사결정의 대중적 참여를 돕는 도시 거버넌스의 수단으로 옹호한다. 이때 디지털 플랫폼은 연결과 공존을 가능하게 하는 거버넌스의 인터페이스로서 그려진다(Barns, 2020). 개방적 플랫폼을 제공, 운영하는 정부는 디지털 사회서비스의 리더가 되며, 스마트 도시가 그것을 가능하게 하는 기술적, 정치적 인프라스트럭쳐

접하는 대부분 디지털 플랫폼은 누구에게나 접속과 참여를 독려함으로써 더 많은 수의 참여자를 확보하려 한다. 이 같은 디지털 세계의 생성을 위한 개방성은 따라서 스마트 도시의 근간이 된다. 따라서 스마트 도시는 그것의 디지털 플랫폼이 주체에게 참여로서 수행하게 하는 내용과 그것이 유발하는 사회적 효과를 통해서 접근할 필요가 있다.

예를 들어, 소셜미디어 플랫폼은 데이터로 전환된 개인과 타인의 경험, 정동을 제공함으로써 언제나 사용자의 주의를 붙잡아두려 한다. 흔히 타인의 새로운 수행이나 정보를 알리는 푸쉬 알림(push notification)과 같이 보이지 않으면서도 상시 작동하는 기능적 환기(functional distraction)[29] 방식이 플랫폼 기반의 상호작용을 매개한다(Barns, 2020). 그래서 사회적 관계가 디지털 플랫폼으로 옮겨갈수록 사회로부터 소외되지 않으려는 개인은 로그온 상태를 유지하고 알람 등으로 중요한 관계의 변화에 자신의 주의를 기본적으로 배분한다. 우리는 이런 소셜미디어 플랫폼이 개인의 행위와 정동을 자본이 이윤 추구를 위한 정보자원으로 활용한다는 것을 '모르지 않지'만, 플랫폼이 피드백하는 정보와 기회를 얻기 위해 일상생활 속 플랫폼의 예속을 견딘다. 그렇게 개인은 디지털 세계에 생성되는 사회적 존재가 되기 위해서 기업이 부여하는 사용자로서의 정체성을 확보하고 유지할 수밖에 없다. 그것을 위해 우리는 휴대전화나 디지털 기기를 자발적으로 소지하고 언제나 인터넷 연결이 가능한 "디지털 포화"(이광석, 2021)[30] 환경에 머물고자 하며, 그럼으

가 될 수 있다고 주장한다(Palmyra et al., 2021). 반면, 비판론은 공개 정보는 제한적이며 핵심적 의제에 접근할 의사결정 플랫폼은 만들어지지 않기 때문에, 참여와 개방이란 애초부터 기업의 영리에 봉사하고 기업 지배력을 강화할 뿐이라고 비판한다. 이러한 활용론과 비판론의 대치 구도는 스마트 도시 비판론을 둘러싼 전형적 상황이다.

[29] 'functional distraction'은 플랫폼과 연결된 앱이 사용자에게 새로운 알림이나 요구를 전달하는 알고리즘의 기능적 요소로서 플랫폼 사용자의 주의(attention)를 수시로 유발한다는 점에서 우리 말로는 '기능적 환기'라고 옮겼다.

[30] 이광석(2021)은 '언제나 어디서나' 디지털 네트워크에 연결할 수 있는 조건을 '디지털 포화'로 명

로써 더 많은 데이터 생산에 자발적으로 이바지하고 또다시 그것으로의 접근을 추구하게 된다(Attoh, Wells. & Cullen, 2019; Burns & Andrucki, 2021).

주체가 플랫폼에서 수행하는 내용과 방식을 구체적으로 정의하는 것은 알고리즘인데, 그것의 디자인은 디지털 플랫폼 설계의 핵심적인 전략에 해당한다. 플랫폼을 활용하는 기업들도 전략적 디자인을 통해 사용자를 플랫폼이 요구하는 행위의 수행자로 설정하는 것을 인정한다. 그들이 설정하는 디지털 플랫폼의 알고리즘 디자인은 곧 "사용자를 디자인"하는 것이며(Williams, 2018),[31] 알고리즘을 통해 디지털 주체를 주조하는 기업의 디자인 전략은 일종의 '기술-사회공학'(techno-social engineering)으로 간주된다(Frischman & Selinger, 2018). 만약 어떤 디지털 플랫폼에서 데이터가 자본축적의 목적을 위해 활용된다면 그 플랫폼 가입자들의 능동적 행위란 '소비자와 데이터 생성자로서의 역할'로만 제한될 뿐이다(Mattern, 2013). 그런 상황에서 디지털 주체로서의 개인은 아렌트가 지적한 '무익한 수동성'에 종속된다(아렌트, 2005).

3) 디지털 세계의 사회적인 것(the social)과 도시성

한층 유심히 살펴보아야 할 것은 디지털 플랫폼이 주조하는 사회적 관계의 속성이다. 그것은 플랫폼에서 현시되는 주체의 내용에 좌우되는데 그 내용이란 개인이 플랫폼을 어떤 영역으로 인식하고 사용하는지에 따른다. 소위 '개인 공간'을 제공하는 디지털 플랫폼들에서 볼 수 있듯이 그 데이터가

명함으로써 결과적으로 송도의 '유비쿼터스' 개념과 동일한 상황을 디지털 세계에 언제나 연결하려는 주체의 관점으로 전도한다.

31 플랫폼 기획자들은 플랫폼상의 행위 수행이 사용자의 정서적·신체적 반응을 촉발하도록 디자인하는 '도파민 생성 피드백 루프'를 사용한다(Barns, 2020 참조).

개인의 경험, 감정, 소소한 일상 등 사적인 기록과 감정일지언정 그것은 게시 즉, 타인과의 공유를 전제한다.[32] 게시된 내용을 근거로 플랫폼의 알고리즘이 추천하는 만남은 우연적이고, 관계적이고, 창발적인 경이로움으로 연출된다. 알고리즘이 유도하는 우연'처럼' 보이는 만남이 누적될수록 상호 공감과 교류 수행의 인터페이스는 불특정한 다수의 "친밀한 대중들(intimate public)"을 만들어내어, 언제 어디서나 로그인만 하면 나를 바라보고 나의 이야기에 관심을 기울이는 친구들을 항상 대면할 수 있는 것처럼 보이게 함으로써 플랫폼 자체를 "너무도 인간적인(all-too-human)" 것으로 보이도록 한다(Barns, 2020: 23).

그렇게 연결된 대중으로 가득한 디지털 플랫폼은 사회적인 차원에서 친밀과 마주침의 공간이다(Dobson et al., 2018). 불특정한 타인들의 우연하고 인간적인 연결의 밀도가 높아질수록 플랫폼은 마주침을 가능하게 하는 '도시성'을 얻는다. 타인과의 관계 맺기를 생성하게 하는 SNS의 알고리즘 자체가 플랫폼의 존재론적 목표는 바로 주체들 간의 연결 행위로 생성되는 '사회적인 것'이라는 점을 가리키는 것이다. 그것은 '유사 도시성'을 획득하려는 메커니즘으로서 그것을 통해 플랫폼은 자신의 생성을 위해 스스로 '도시적인 것'이 되고자 한다. 디지털 플랫폼에서 그룹과 사회를 이루는 개인 간의 연결은 공간적 근접성과 물리적 거리의 의미를 비틀고 시간적 동시성을 한 번의 데이터 생성 이후로는 삭제되지 않는 한 무한대로 연장한다. 그런 측면에서 플랫폼이 제공하는 도시성은 물리 공간을 기반으로 하는 도시성과 다른 차원의 것이며, 그 도시적 삶의 방식은 "디지털 플랫폼이 가능하게 하는 도시주의(platform enabled urbanism)"(Barns, 2020)라고 할 수 있다.

---

32 타인에게 공개되지 않는 게시물과 정보라고 하더라도 기록하는 시점의 자신이 아닌 미래의 자신이 찾아볼 것을 전제로 한다. 디지털 플랫폼은 사회적 관계의 공간적 시간적 위상을 재정의하여 미래의 주체와 현재의 주체, 과거의 타인과 현재의 주체가 만날 수 있게 한다.

디지털 플랫폼이 담는 사회적 관계는 도시의 장소와 공간을 경험하는 방식도 바꾸고 있다(Leszczynski, 2016). SNS를 통해 특정 장소에서 어떤 개인의 수행이 다음 순간 타인의 공간 사용을 촉발할 수 있게 되면서 개인의 장소에 대한 기록은 장소 브랜딩이나 마케팅의 필수적 방편이 되었고 젠트리피케이션을 가속하는 요인으로도 부상했다. 그렇게 디지털 플랫폼에서 특정한 개인의 기록과 연결된 물리적 공간은 새로운 의미의 장소로서 지위를 부여받고 다시 타인의 삶에 연결됨으로써(Willis, 2015) 그 전과는 다른 표상의 공간을 만들어낸다. 결국 플랫폼에 장소나 공간에 대한 경험을 기록하고 공유하는 수행적 실천들은 디지털 세계에서의 사회적 삶이 도시적 삶으로 확장되는 과정에 다름 아니다(Gandy, 2005). 그렇게 플랫폼에서의 개인의 수행은 사회적 삶으로, 다시 도시적 삶으로 확장된다(Carah & Angus, 2018). 디지털 기술이 도시 삶의 근원적인 것으로 자리 잡는 것, 즉 '도시 삶의 디지털화'는 이처럼 그 거울상과 같은 '디지털 세계의 도시화'를 통해 진행된다.

4) 물리 공간의 능력

디지털 세계의 사회적 관계가 플랫폼을 통해 도시 공간으로 연결되고 확장됨과 동시에 스마트 도시의 물리 공간에서는 그것과 역방향의 메커니즘이 작동함으로써 디지털 세계와 도시 공간의 결합을 완결한다. 역방향의 메커니즘이란 스마트 도시가 추구하는 물리 공간의 능력, 즉 공간과 그곳을 구성하는 사물에 탐지, 기록, 반응 등, 인간의 특정 행위를 매개하고 유발하거나 적극적으로 지원하는 속성(affordance)을 부여함으로써(Aurigi, 2020; Koseki, 2020) 물리 공간 자체가 디지털 플랫폼을 위한 데이터 알고리즘을 보유하게 하는 것을 말한다. 이러한 매개 능력이 부여된 도시 공간의 물질성은 디지털 세계에서의 도시적 관계를 담는 디지털 플랫폼의 메커니즘과 대칭을 이루는 거울상 같은 것이다. 이 점이 스마트 도시 기획이 기존 도시 공간과의 차이로서 내세우는 고유한 기술주의 서사이다. 그럼으로써 데이터로 처리된 디지털 세계의 유사 도시성은 물질적 도시성을 보완하여 그것과 함께 연결됨으로써 완결적인 메타 플랫폼으로 존재할 수 있다.

물리 공간에 부여된 디지털 매개 능력을 통해 스마트 도시는 궁극적으로 그 도시를 구성하는 공간의 다양한 상태 속성, 사람의 움직임, 사물의 흐름을 실시간으로 파악하고 통제하고자 한다(Kitchin, 2017). 우리는 암스테르담의 도난 자전거 위치를 추적하거나, 보도 경계석에 설치된 센서로 도시 대기에서 교통수단이 내뿜는 질소산화물 밀도를 예측하고, 쓰레기의 움직임이나 시민들의 통근 경로를 시각화했던 MIT 센서블 시티 랩(Senseable City Lab)의 데이터 작업에서[33] 기술주의적 해법이 도시 공간에 대해 접근하려는 방식의 욕망을 읽을 수 있다. 반응적 디지털 기술을 활용한 미디어아트 작품에서 볼 수 있듯 행위유발 능력이 부여된 공간에는 사람들의 행위를 기록하고 대응을 불러일으키며 그것에 다시 반응하는 인터페이스가 내재된다. 도시 공간의 건축 요소와 사물이 디지털 세계로의 연결을 '매개'하는 사물(mediating actant)이 되는 것이다. 그렇게 매개 및 행위유발 능력을 보유한 공간은 사람들에게 전혀 다른 장소로서 경험된다.

그러한 매개 능력의 공간 기술은 우리 일상에도 이미 출현하고 있다. 한국 지방자치단체가 앞다퉈 설치하고 있는 '스마트 버스정류장'은 버스의 움직임을 시각화하여 시민들에게 교통정보를 전달하고 시 정부의 정책과 공지사항을 전달하며, 대기질 상태를 측정하여 도로로부터 발산되는 유해 화학물질과 미세먼지를 차단한다.[34] 부산의 스마트 빌리지가 거주자의 참여를 위

---

33 http://senseable.mit.edu 참조.
34 스마트시티솔루션마켓. http://smartcitysolutionmarket.com. 2022년 10월 접근.

해 도입한 디지털 트윈(digital twin) 기술은 이미 상용화되어 조선소와 같이 특정 공간에서 사물 흐름이 중요한 산업현장에서 활용되고 있었던 소프트웨어 솔루션이다.35 스마트 도시에 적용되는 디지털 트윈은 공간과 사물의 물리적 형태를 포함한 데이터화할 수 있는 모든 속성들을 실시간으로 디지털 세계에 통합하는 완벽한 시뮬레이션 체계를 의미한다. 디지털 트윈과 매 순간 데이터를 내뿜는 물리 공간의 센서들이 결합하면 도시 전체를 실시간으로 보여주는 '거울 세상(Mirror world)'이 실현된다(Gelerntner, 1991). 스마트 도시 기술개발 주체들이 추진하는 데이터 통신 표준과 결합하는 사물인터넷도, 그것을 장착한 디지털 제품은 물론 주택과 건물, 도로와 광장, 교통시설과 이동수단 등 일상 공간과 우리 자신을 촘촘하게 디지털 트윈의 데이터 세계에 즉각적으로 투사하는 매개체가 될 수 있다.

결국 스마트 도시의 기술 서사가 목표하는 도시란 디지털 플랫폼의 데이터 세계와 행위유발 능력을 보유한 물리 공간의 유기적 결합이 완결된 상태로 표현된다. 그럼으로써 스마트 도시의 공간은 그 자체가 디지털 사물이 되어 장소에서 이루어지는 개인의 행위와 개인 간의 상호작용까지 기록하는 데이터 매개체가 되고, 디지털 주체와 사회적 관계를 품는 디지털 세계와 더불어 작동하는 메타 플랫폼으로서 기능할 수 있게 된다. 그 결합은 도시 물리 공간의 요소와 사물에 데이터 알고리즘이 정의하는 개인의 수행을 각인하고(encript) 디지털 세계의 데이터에 머물렀던 사회적 관계를 그것과 관계된 물리 공간 속의 위치와 장소로 전환하고 확장한다. 그러한 의미에서 디지털 구성체로서 스마트 도시는 알고리즘을 통해 수행성을 부여하는 개인의 행위 자체와 그 결과를 포착하고 데이터화하여 처리하기 위한 사물과 공간의 총체적 물질계를 목표로 할 것이다. 그러므로 스마트 도시의 공간 기획은

---

35 제1회 스마트공장구축 및 생산자동화전, 수원컨벤션센터, 2019.

디지털 플랫폼의 수행성에 의해 정의되는 디지털 주체와 디지털화된 사회적 관계가 공간 속에 투사될 수 있게 하는 물질적 요소에 대한 구상이라고 할 수 있다(Bulkeley, McGuirk, & Dowling, 2016; Willis & Aurigi, 2018).

4. 스마트 도시의 잠재적 딜레마

1) 수행성과 공공성의 충돌

디지털 플랫폼은 '온라인 공간'과 같은 은유적 표현 때문에 물리적 공간의 이미지로 그려지지만, 그것의 실체는 데이터베이스와 코드로 짜인 알고리즘이다. 그것은 데이터의 기록, 축적, 추출, 연결, 처리 등을 사전에 정의한 일련의 프로세스로서 데이터로 변환될 대상 또는 주체의 행위나 상태를 필요로 한다. 앞서 언급한 디지털 세계에의 참여라는 것도 실은 주체의 행위나 상태의 기록을 의미한다. 즉 디지털 플랫폼이 존재론적으로 의지하는 바가 등록과 로그인과 같은 그것에 참여하는 개인의 '수행성(performativity)'이라는 말이다. 우리가 플랫폼이라고 여기는 공간적 형상화가 실제로는 주체가 무엇인가 행함으로써 이루어지는 디지털 정보의 생성, 축적, 흐름, 연산, 출력이라고 하는 사실은, 스마트 도시의 디지털 플랫폼이 주체, 사회관계, 그리고 도시 공간으로 하여금 어떠한 행위를 수행하도록 지속적 압력을 생성하는 메커니즘 구성체라는 점을 분명하게 의미한다.

이처럼 알고리즘의 수행성을 자기생성적 메커니즘으로 삼는 디지털 플랫폼은 개인, 사회적 관계, 도시 공간을 끊임없이 동작하고 행동하도록 만든다(Campbell, Kanaani, and Stepner, 2020). SNS나 온라인 상거래 같은 디지털 플랫폼 서비스를 사용하는 개인은 자신이 누구인지 증명하는 작업부터 수행하도록 요구받는다. 온라인 상거래 플랫폼은 SNS와 결합하여 상시적으로 좋아하거나 필요한 것을 찾아보고 화면을 누르게 하고, 광고에 반응하게 하고, 선택하게 하고, 결정하도록 촉구한다. 금융거래, 상품 구매, 댓글, 친구 맺기, 문자 대화와 '좋아요/싫어요' 이모티콘 등 익숙해진 디지털 세계의 행위들처럼, 사회적 관계가 디지털 플랫폼으로 옮아갈수록 플랫폼 알고리즘이 정의하는 수행성은 사회적 상호작용을 수행하는 방식을 정의하고 그것을 하나의 양식이 되도록 만든다(Iveson & Maalsen, 2019; Barns, 2020). 사회적 상호작용에 디지털 알고리즘이 개입하는 것이 보편화되는 '깊은 정보화' 사회가 절대적인 것이 된다면 알고리즘의 디자인대로 수행하지 않는 개인은 디지털 세계로 옮아간 사회적 관계에서 더 이상 존재 의미를 얻지 못하게 될 것이다.

따라서 디지털 플랫폼에서 의미 있는 것으로 존재하려는 무엇인가는 항상 기록되고, 처리되고, 축적되고, 언젠가는 추출되어 연산된 '값'으로 흐르는 것을 전제로 한 동적인 프로세스에 놓인다. 물리 세계에서의 주체와는 별개로 디지털 세계에서 그를 대리하는 데이터는 일단 기록되면 계속 흘러 다니며 다른 데이터와 함께 분류되고 처리되어 다른 연산값으로 변화되고 어떠한 목적으로 다시 사용된다. 디지털 플랫폼은 그래서 결코 정적이지 않은, 즉 주체가 스스로 있는 그대로 존재할 수 있는 공간이 절대 아니다. 다시 말하면 디지털 플랫폼은 존재를 존재 자체로 허용하는 공간이 아닌 것이다. 반면 도시 공간은 전혀 그렇지 않았다. 도시 공간의 근원 속성은 어떤 주체이든지 단순히 그 공간에 있는 것, 즉 조건 없는 주체의 존재와 현현을 허용한다는 점에서 '공공성'의 공간이다. 공공성은 서로 다른 주체의 자유로운 존재를 전제로 하는 것이다(아렌트, 2005). 공공성이 보장된 도시 공간은 그래서 '다양성을 허용하고 서로 다른 주체들의 공존이 가능'하게 함으로써 타인과의 마주침과 만남을 가능케 한다(Massey, 2003; 2005).

따라서 도시 공간이 수행성을 근간으로 하는 메타 플랫폼으로 완성될 때, 즉 스마트 도시의 비전이 구체적인 현실이 될 때 문제는 바로 그 순간 발생할 수 있다. 플랫폼이 요구하는 수행성이 도시 공간이 본원적으로 가지고 있던 공공성의 조건을 존재론적 차원에서 부정하기 때문이다. 만약 도시 공간과 통합된 디지털 플랫폼이 주체 존재의 근거가 되는 수행성을 강화하여 물리 공간에서의 개인의 존재 조건이 될 경우, 플랫폼이 요구하는 알고리즘을 수행하지 않는 주체는 그 존재를 거부당하게 된다. 즉 플랫폼에서 주체의 근원인 수행성과 도시의 공공공간이 본원적으로 보장해 온 공공성은 서로 충돌하는 위치에 있다.

　디지털 세계가 우리 삶을 매개하면서 플랫폼의 수행성이 공공성의 장애물로 등장하게 되는 상황은 다양한 모습으로 등장한다. 켄 로치 감독의 영화 〈나 다니엘 블레이크(I, Daniel Blake)〉에서 나이 든 목수 다니엘은 노동청 컴퓨터 전산망에 노동할 수 없는 자신의 건강상태와 실업수당 수령 자격을 스스로 증명해야 하는 난관에 부닥쳤다. 그의 비극은 사소하다면 사소할 수 있는, 디지털화된 체계가 지시하는 수행성의 영역에서 개인이 제외되는 것으로부터 비롯되었다. 그는 건강검진과 실업급여 제도가 어긋나 있는 모순의 틈새에 빠져 디지털 '행위 능력이 없는' 상태, 즉 '존재하지 않는' 시민으로 전락했고, 디지털 체계 속에서의 무력함에서 벗어나고 자신의 존재를 인정받기 위해 컴퓨터와 온라인 프로그램의 사용법을 난생처음 익힌 후에야 겨우, 심장마비로 끝내 참석하지 못할, 재심 청구에 가까스로 다가갈 수 있었다.

　영화에서의 상황은 이미 우리 일상에 펼쳐져 있다. 온라인으로 옮겨 간 은행 업무, 공공기관의 행정서비스 등은 끊임없이 '나'임을 증명하는 알고리즘의 지시에 따라 반복적으로 전화기와 컴퓨터에 인증번호를 입력하는 작업을 수행해야만 얻을 수 있다. 스마트 기기와 온라인으로 창구를 옮겨버린 열차 승차권 예매, 프랜차이즈 매장부터 동네 식당까지 점원 대신 들어선 디지털 주문 키오스크 등은 손쉬운 열차 이동과 저렴한 식사가 있는 공간에 디지털 주체가 아닌 이들의 존재를 허용하지 않는 장애로 작동한다. 디지털 디바이드(digital divide)의 심각성은 '주체의 존재' 문제, 즉 누구나 존재를 허용하는 공공성의 문제에 직결된다는 점에 있다. 따라서 그에 대한 근원적인 대응의 지점은 주체의 디지털 기기 사용법 학습과 각성만을 강조하는 격차 좁히기가 아니라 디지털 플랫폼의 수행성을 공공성 관점에서 재정의하는 것이 되어야 한다.

2) 디지털 세계의 유사 공공성

예를 들어보자. 디지털 플랫폼의 하나인 소셜미디어는 사회적 관계를 목적으로 하는 개인의 경험과 정동을 재현하는 데이터 흐름이며(Rose & Willis, 2019), 그래서 그것이 사적인 기록이라 하더라도 타인과의 관계를 목적으로 한 것이라고 할 수 있다. 그런 면에서 소셜미디어는 데이터의 성격과 관계없이 주체들의 '관계적 엮임(relational entanglement)'을 허용하는 공공적 플랫폼으로 여겨진다(Dobson, Carah, and Robards, 2018).[36] 더구나 소셜미디어가 플랫폼에 참여하는 주체들의 공공적 행위(public performance)를 통해 정치의 영역으로 등장하면서 마주침의 정치가 가능한, 진정한 도시적 공간으로 칭송받기도 한다.

그러나 디지털 플랫폼을 본원적으로 '온전한' 공공성의 영역으로 인식하

---

[36] 돕슨(Dobson)을 비롯한 니콜라스 카라(Nicholas Carah)와 동료들은 소셜미디어 공간을 그것이 이윤 창출을 위해 이용자 간의 친밀성을 이용하는 플랫폼이라 하더라도 공공적 친밀 공간(public intimacy)으로 이해될 필요가 있다고 주장한다. 개인이 게시하는 정보들은 사적인 감정들의 공공적 행위들이며 이런 의미에서 플랫폼은 친밀한 삶의 실천을 배우고 재생산하고, 가치를 갖게 되며, 경쟁하고, 상업화하는 곳으로 설명된다.

는 것은 그것의 잠재된 가능성을 과대평가하는 착시에 불과하다. 조건 없는 주체의 존재를 허용하는 물리 공간의 근원적 속성과 수행성 기반의 디지털 플랫폼은 조건이 다르기 때문이다. 플랫폼에서는 어떠한 방식으로든 최소한이라도 수행성을 충족해야만 주체는 의미를 획득하고, 그 의미를 지속하려면 일정 시간 내에 또 다른 수행을 요구받는다(Davenport, 2001). 데이터가 없으면 존재하지 않는 상태가 되는 조건은 지속적 데이터 생성을 위한 수행을 디지털 세계에서 펼쳐지는 사회적 관계의 기본 요건이 되도록 한다. 존재를 얻기 위한 수행성 조건은 디지털 플랫폼을 통한 타인과의 관계 맺기 방식이 근본적으로 변화했다는 것을 의미한다. 이 수행성 조건은 사적인 사건과 경험, 생각과 사고의 흔적, 감정, 다른 대상에 대한 평가와 태도 등 존재를 의미하는 모든 것에 대해 정보와 피드백 정보를 발생시킴으로써 플랫폼에의 예속을 자기생성적으로 강화한다. 따라서 디지털 세계의 공적 공간에 존재하고자 하는 주체는 끊임없이 스스로를 현시하는 행위를 수행하도록 하는 압력에 놓인다.

수행성에 의존하는 주체의 조건은 존재 생성을 위한 알고리즘적 행위와 공적 영역에서의 참여나 정치적 행위를 혼동하게 한다. 마치 디지털 플랫폼이 자유로운 다양성 주체들의 영역으로 보이도록 하는 공공성의 유사 조건들로 채워져 있기 때문이다. 두 가지 상황에서 그러한 유사 조건들이 작동하는데, 첫째는 디지털 플랫폼이 관계적 영역인 것이 곧바로 공공성을 보장하는 것이 아님에도 불구하고 공공적 공간이라고 오인하는 것이다. 플랫폼의 알고리즘이 정의하는 존재의 허용 방식은 물리적 공간의 '조건 없음'과는 다르다. 공적 주체를 허용하는 물리 공간의 양식이 포괄주의(negative system)라면 디지털 플랫폼의 공적 주체의 허용 양식은 그것의 반대 형식인 열거주의(positive system)에 가깝다. 금지 방식이 아니라 존재하려면 정의된 범위 내에서 선택할 수밖에 없는 수행의 방식인 것이다. 공간이 금지 행위 이외의 모든 것을 허용하는 반면 디지털 플랫폼은 데이터로 정의되지 않는 모든 것의 존재를 부정한다.

둘째, 그러한 조건에 전략적으로 대응하는 디지털 플랫폼 이용자는 허용되는 양식에 준하여 플랫폼에서 스스로를 제한된 모습으로 재현한다. 디지털 세계에 존재를 드러내지 않는 주체는 물론 플랫폼 사용자라도 하더라도 알고리즘이 허용하는 방식의 모습으로만 기록되도록 연출하는 것이다. 즉 개인들이 자신의 사적 사건과 경험과 사상과 정동을 공유하는 주체와 그러지 않은 주체로 나뉘거나, 개인 안에서 자신의 정체성을 디지털 자아와 디지털 세계 밖의 자아로 구분하는 다면적 주체로 스스로를 분할한다. 디지털 자아는 데이터라는 거울에 기록되는 2차원 이미지에 불과하도록 조정하고 다른 복수의 자아를 생성하는 것이다. 또한 플랫폼의 보이지 않는 데이터 알고리즘은 도시적 마주침과 타인을 연결하는 방식을 어둠 속에 둔 채 특정한 소수의 것으로 선택하게 한다. 페이스북 서비스가 제안하는 친구의 목록처럼, 디지털 플랫폼이 제공하는 도시적 마주침이란 개인 수행성의 결과 생성되는 주체의 속성 데이터의 값이 허용하는 관계의 범위 내로 수렴되는 것이다. 그 제한된 범위의 마주침을 우리는 데이터 기술이 제공하는 '스마트함'이라고 이해한다.

결과적으로 디지털 플랫폼에서 현현하는 주제들과 공적 행위란 어떤 식으로든 주체의 전일적 모습을 담지 않고 특정한 측면만으로 과잉 대표되는 것이며, 플랫폼의 개방성과 확장성을 과대하게 해석하여 플랫폼이 근원적으로 공공적일 수 있다고 오인하게 된다. 디지털 플랫폼의 공공성은 아렌트가 말한 타인과 다른 자신으로서 '현상'하는 공공성의 본원적인 것이(아렌트, 2005) 아니라, 알고리즘의 정의에 반사되어 데이터 저장소에 맺힌 상과 같이 평평한 이미지의 주체로 수렴되게 하는, 즉 '표상'에 불과한 굴절된 유사 공공성에 가깝거나, 혹은 디지털 세계에 적용되는 변형된 공공성이라고 할 수 있다. 이 점은 플랫폼으로 생성되는 디지털 세계에서 공공성의 재정의와 그를 뒷받침하는 조건에 대한 보다 면밀한 검토가 필요하다는 점을 분명하게 드러낸다.

3) 스마트 도시 공공성의 지형

유사 공공성은 디지털 세계가 공공적 영역으로 존재할 수 있는 조건이 자연적으로 갖추어지지 않는다는 사실을 뜻한다. 디지털 세계의 요체인 플랫폼이 요구하는 수행성 속에서 공공적 영역을 구축하는 문제에는 플랫폼에 대한 인식론적 정의, 플랫폼에 기대하는 가치와 규범, 수행성을 정의하는 알고리즘의 디자인 등의 문제들이 서로 얽혀 있다. 디지털 플랫폼 대다수가 국가나 도시 등 공적 영역의 경계를 넘나드는 한편 플랫폼이 만들어내는 디지털 세계의 사회적 공간이란 플랫폼을 소유 운영하는 기업이 창출한 사적 영역으로 여겨진다. 그렇지만, 디지털 플랫폼이 도시 삶의 전면에 편재하는 상황에서 온라인 플랫폼이 정치적 공론장을 대신하게 되었으며(Barns, 2020), 도시적 일상과 사회적 교류가 디지털 세계로 옮겨지면서 플랫폼은 타인과의 상호작용이 일어나는 공적 공간으로 자리 잡게 되었다. 디지털 플랫폼에서의 사회적 관계가 도시적 삶의 중요한 부분으로 편입되었다는 점을 도시적 공공성의 새로운 의미 요소로서 기본적으로 인지해야만 한다.

스마트 도시는 그런 측면에서 일종의 딜레마 상황에 놓였다. 디지털 플랫폼의 수행성과 도시 공간의 내재적인 속성인 공공성 사이의 줄타기에서 결국 어떠한 경로의 선택에 복합적으로 직면한다. 도시의 물리 공간 자체가 디지털 기술이 매개하는 플랫폼으로 작동할 때 기존 도시 공간의 공공성은 위협을 받을 수 있다. 디지털 디바이드의 사례들에서 디지털 플랫폼이 요구하는 수행 알고리즘을 따르지 않는 주체는 존재를 인정받지 못하는 것도 그러한 딜레마 상황임을 나타낸다. 플랫폼에 연결되지 않는 주체와 플랫폼의 디지털 세계에서 알고리즘 수행자 사이에 격차가 발생할 것이며, 그 격차가 어떤 결과를 가져올지, 예속과 해방을 어떻게 나누어 가질지의 문제에 직면할 것이다. 즉 도시 공간과 그 인프라로서 디지털 플랫폼의 결합은 플랫폼에서의 주체의 존재를 생성하는 수행성이 도시의 공공성을 어떻게 바꾸어놓을지에 대한 문제로 나타난다. 이런 점에서 스마트 도시의 특징적 문제란 감시와 금지에 국한된 프라이버시만의 문제라기보다는 오로지 알고리즘이 규정한 것만을 할 수 있게 하는 '강제된 수행성'이다.

스마트 도시가 디지털 플랫폼을 그것의 절대적 인프라로 삼는다면 온전한 공공성을 확보하기란 난제가 될 가능성이 크다. 데이터 자본주의로 불리듯 자본의 동력으로 이루어지는 디지털 전환 과정에서 플랫폼의 인터페이스와 수행성은 공공적 정치 행위의 근간인 참여 자체를 자본이 필요로 하는 자원으로 삼을 수 있다. 그러한 상황에서 플랫폼의 개방성과 확장성에 희망을 두고 단순히 개방적 정보와 데이터가 플랫폼의 예속을 벗어난 주체적인 시민의 존재를 뒷받침하리라는 기대는 오해이며, 그것에 기대 플랫폼과 데이터 기술을 사회가 공공적 방향으로 조정할 수 있다고 보는 것은 그 근원에 상존하는 좌절의 가능성을 직시하지 않으려는 낙관주의에 가깝다. 어쩌면 디지털 기술의 사용이 도시적 마주침의 유일한 인터페이스가 되어갈수록, 물리 공간을 포함한 메타 플랫폼의 디지털 세계에서 공공성의 공간은 플랫폼 알고리즘이 허용하는 영역 안으로만 축소될 것이다.

디지털 세계의 수행성이 도시 공공성을 전면적으로 압도하는 상황이 지금 당장은 상상에 불과할 수 있다. 만약 그것이 현실이 되어 우리 일상적 삶의 낱낱이 스마트 도시의 물리 공간과 디지털 세계로 편입되는 상황이 닥친다면, 오히려 연결되지 않을 권리, 플랫폼에 등록하지 않아도 공공적 영역에서 주체로서 인정받는 권리가 시급할 것이다. 그렇지만 우리가 디지털 기술

세계 안에 머물면서 그것의 힘에 대항하는 방안을 찾아야 하는 위치에 있는 것도 현실이다. 따라서 궁극적으로는 플랫폼 사용자의 선택을 미리 '디자인' 해 버린 알고리즘을 넘어 디지털 플랫폼이 가진 유사 도시성을 해방적인 것으로 재전유하고 새로운 공공성을 확보하는 대항적 경로의 탐색이 필요하다.

4) 대항적 플랫폼의 조건

수행성과 공공성의 잠재적 충돌 가능성은 곧, 디지털 기술이 도시 삶의 근원적인 메커니즘으로 등장하는 과정에서 도시의 공공성과 그것을 둘러싼 지형이 동시에 변화하고 있다는 사실을 의미한다. 그렇다면 디지털화하는 도시가 공공성을 보장하는 대항적 플랫폼이 될 수 있는 조건은 무엇일까? 시민을 위한 플랫폼을 운영하는 스마트 도시의 몇 사례는 그 방향을 제안하고 있다. 우선 언급되는 것은 시민들의 수행과 일상의 기록에 의해 생성되는 데이터가 공통 자원임(data commons)을 확인하고 그것에 대한 시민들의 데이터 주권을 보장하도록 하는 것이다. 이런 맥락에서 많은 정부가 시민들에게 데이터를 개방하고 있기는 하지만, 일상을 구성하는 다수의 플랫폼들이 구체적으로 무엇을 데이터로 기록하고 축적할 것인지, 어떤 목적을 위해 활용할 수 있는지, 데이터를 활용하려는 주체를 허용하는 조건은 무엇인지, 데이터 활용의 절차와 사후적 평가의 기준과 오남용의 방지책 등은 어떤 것인지 등의 고민도 여전히 필요하다.

언급한 대로 현실에서는 데이터 생성이 무한급수로 증가하는 반면 이러한 제도적 장치들은 그것을 뒤따라가는 형편이며, 데이터를 생성하는 플랫폼의 구축과 그 데이터에 접근할 수 있는 운영 주체가 사적 이해관계를 우선시하는 소수일 경우가 대부분이라는 절대적 한계가 있다. 그러한 태생적 한계를 내재한 사적 플랫폼에 아무리 개방성과 투명성을 요구한다 한들, 정보의 공유가 시민을 자유롭게 하리라는 기대는 보이지 않는 알고리즘에 의해 배반될 수 있다. 그러므로 궁극적 대안은 데이터 기술 속에 존재하면서도 기술 예속에 자유로워야 하는 딜레마적 상황을 초월할 수 있는 탈출구여야만 한다. 그런 대안이란 데이터를 자원으로 포획하는 사적 플랫폼의 자리를 대체하는, 공공적 디지털 세계로서의 대항적 플랫폼 자체를 생성하는 것일 것이다.

그때 플랫폼을 대항적일 수 있게 만드는 핵심 요건은 생성되는 데이터가 아니라 '알고리즘' 자체이다. 대항적 플랫폼에서는 아렌트(2005)의 공공 영역에 대한 정의와 같이 개인이 서로 다른 '차이'의 주체로 자신을 현상할 수 있어야 하며 알고리즘은 절대적이고 고정적인 것이 아니라 개인의 현상을 위해 끊임없이 재구성될 수 있어야 한다. 대항적 플랫폼의 세계는 고정된 데이터가 아닌 생동하는 알고리즘이 펼쳐지게 하는 다중 수행성의 결과로 생성되고 그럼으로써 서로 다른 주체들의 우발적 만남과 마주침의 플랫폼이 될 수 있어야 한다. 이 조건은 디지털 세계에서 차이의 존재 양식에 대한 새로운 해석과 그 실현을 위한 대항적 알고리즘에 대한 요구이며, 그것은 곧 디지털 세계에서 공공성이 어떻게 정의되고 확보될 수 있는지의 물음에 구체적인 대안을 상상하는 것이다.[37]

그러한 대항적 플랫폼의 생성을 위해서는 우리 삶을 구성하는 다양한 플랫폼들의 수행성을 규정하는 알고리즘의 분석과 재구성 작업이 선행되어야 한다. 일반적으로 플랫폼에서 수행성을 디자인하는 알고리즘은 메커니즘과 그 전제를 잘 드러내지 않는다. 따라서 알고리즘을 드러낼 수 있는 '디자인 분석'은 디지털화된 도시의 비판적 방법론이라 할 수 있다. 그 분석에서는

---

[37] OpenAI의 ChatGPT는 소스 코드를 완전히 공개한 반면, 마이크로소프트의 AzureAI는 학습 알고리즘을 제한하여 공개했다. 이 두 플랫폼이 보인 차이는 대항적 디지털 세계의 성립 조건이 알고리즘 재구성의 가능성 문제인지, 단순한 데이터 개방의 문제인지를 판가름할 것이다.

어떤 플랫폼이 우리를 알고리즘을 구성할 수 있는 주체로 세우는지, 아니면 알고리즘이 정하는 행위의 단순한 수행자로 설정하는지가 중요한 기준일 것이다. 알고리즘이 보이도록 만들어진 플랫폼의 디자인이나, 주체에게 알고리즘을 수정하고 전유하는 권한을 부여하는 거버넌스는 대항적 플랫폼의 조건이다. 그럼으로써 도시는 개인의 다양한 요구가 표출될 수 있고, 어떠한 주체의 다름도 존재할 수 있는 다중적 플랫폼 구성체가 될 수 있다. 대항적 플랫폼에서의 수행성은 개인을 규정적 정보로 환원하지 않는 열린 메커니즘이 되어 주체의 다름을 드러내고 그것의 가능성을 뒷받침해야 한다. 그것은 플랫폼을 공공적 영역으로 완성하여 디지털 세계에서 공공 공간을 생성하는 방안이기도 하다.

5. 결론

지금까지 이 글이 강조했던 것은 도시 삶의 디지털화를 우리 스스로가 바꾸고 있는 현상으로 자각하고 그 전환의 동학을 규범적 관점보다는 분석적으로 이해할 필요가 있다는 인식이다. 전차, 자동차, 기계 공장이 우리 삶을 바꾸었듯, 거부감과 우려, 비판론이나 가속적 수용론 등의 차이에도 불구하고 디지털 기술의 확산이 초래할 변화와 영향에 대한 성찰적 분석이 필요하다. 그러한 변화 속에서 스마트 도시 현상은 도시적 삶의 변화된 방식과 함께 도시 공간의 역할과 의미가 어떻게 바뀌는지의 질문을 제기한다. 스마트 도시에서 물리 공간은 디지털 플랫폼과 교차하며 물질과 비물질이 혼합된 새로운 차원으로 등장할 것을 예고한다. 디지털 세계가 플랫폼을 통해 스스로가 도시가 되고자 하듯, 스마트 도시의 물리 공간은 알고리즘이 규정하는 수행성과 행위 유발의 플랫폼이 되고자 한다.

그러한 상황이라면 스마트 도시가 제기하는 근원적 질문은 주체가 옮겨질 새로운 위치이다. 곧, '도시가 알고리즘 구성체가 될 때 주체는 어떤 조건에 놓이게 되는가?'라고 질문한다. 디지털화된 플랫폼 도시에서 주체의 위치는 오묘하다. 기술이 제공하는 효용을 누리는 사용자임과 동시에 그 효용을 얻기 위한 전제로서 알고리즘의 내용을 수행하는 데이터 생성자이자 디지털 자원의 제공자이며 플랫폼을 하나의 세계로, 사회로 만드는 동력원 자체이기도 하다. 플랫폼에서 사적 영역과 공적 영역의 구분은 흐트러지며, 참여와 자유는 다른 의미로 전유되어 자칫 우리 삶에 대한 알고리즘의 지배를 강화하기 위한 허위의식으로 활용될 수 있다. 그러한 상황에서 도시 공간이 디지털 세계 플랫폼과 '본원적으로 다른 점은 무엇'인지에 대한 질문은 그 변화의 한가운데 있는 주체가 자칫 자신도 모르게 진행되는 변화를 감지하고 비판적으로 성찰하기 위한 기준점이 되며, 그 질문을 통해 공공성은 수행성의 대항적 개념으로 부상한다. 스마트 도시의 알고리즘이 시민들에게 기계적 수행성을 요구할 때 공공성은 즉각 문제가 될 것이다. 이 문제는 우리 삶에 전면적으로 확산되는 디지털 세계에서의 공공성에 대한 새로운 정의와 성립 조건과도 연결된다. 기술이 사회적으로 구성되는 것이라면 우리 사회는 디지털 세계의 공공성을 위한 대항적 기술과 조건까지 생산할 것을 스스로에게 요구해야 한다.

공공성에 대한 위해로 다가올 수 있는 스마트 도시 알고리즘의 수행성은 사실상 자본주의적 도시주의가 추동하는 주체의 소외와 배제의 논리에 맞닿는다. 즉, 수행성을 주목하는 스마트 도시 비판의 뿌리는 개인을 자본주의가 요구하는 것만을 수행하는 존재로 제한하여 그 수행의 성과를 탈취한다는 점에서 공공적 요소를 삭제하고 자본주의적 삶의 방식만을 강요하는 자본주의 도시의 근원적 속성에 닿아 있다. 신자유주의에 의해 내몰리는 도시공간과 마찬가지로 자본주의가 디지털 세계를 식민화하려는 상황에서 스마트 도시의 공공 영역은 쪼그라들 수밖에 없을 것이다. 따라서 스마트 도시의 알고리즘을 해방적으로 재구성하려는 대항은 디지털 세계에서의 '서로 다를 수 있는 권리', '공간의 생산에 대한 권리'(하비, 2001; 강현수, 2009), 그리고 '도시에 대한 권리'(Lefebvre, 1996)의 실천적 의미로 자리 잡는다.

요컨대, 서두에서 제기했던 질문, '디지털화하는 도시적 삶과 스마트 도시의 실천을 각각 어떻게 바라보아야 하는가'의 초점은 공통적으로 디지털 기술이 옮겨 놓는 주체의 위치에 수렴된다고 할 수 있다. 그것은 디지털 기술과 플랫폼이 도시적 삶의 근원적인 메커니즘으로 보편화하는 현상의 영향이며, 그런 면에서 스마트 도시 현장은 바로 '지금 여기' 우리 일상인 셈이다. 도시와 우리 삶의 디지털화는 그것의 거울상으로서 디지털 세계의 도시화와 함께 진행되면서, 개인은 데이터로 대리되는 디지털 주체로, 사회는 알고리즘이 매개하는 타인과의 관계 맺기로, 물리 공간은 메타 플랫폼의 물적 기반시설과 데이터 생성의 매개체로 재구성된다. 스마트 도시는 그 메커니즘을 이행하는 디지털 구성체로서 등장하고 있다.

참고문헌

강용길·염윤호. 2020. 「방범용 CCTV의 범죄예방효과에 관한 연구 – 감시범위 및 운용기관별 효과성을 중심으로」. ≪한국셉테드학회지≫, 11(2), 35~59쪽.

강현수. 2009. 「'도시에 대한 권리' 개념 및 관련 실천 운동의 흐름」. ≪공간과 사회≫, 32, 42~90쪽.

국토교통부·한국수자원공사. 2022. '부산에코델타스마트시티 국가시범도시 SPC 민간 부문사업자 공모사업 설명회' 자료.

도승연. 2017. 「푸코(Foucault)의 '문제화' 방식으로 스마트시티를 사유하기」. ≪공간과 사회≫, 제27권1호, 15~38쪽.

박배균. 2020. 「스마트 도시론의 급진적 재구성: 르페브르의 '도시혁명'론을 바탕으로」. ≪공간과 사회≫, 72, 141~171쪽.

박준·유승호. 2017. 「스마트시티의 함의에 대한 비판적 이해: 정보통신기술, 거버넌스, 지속가능성, 도시개발 측면을 중심으로」. ≪공간과 사회≫, 제27권 1호, 128~155쪽.

박철현. 2017. 「중국 개혁기 사회관리체제 구축과 스마트시티 건설」. ≪공간과 사회≫, 59, 39~85쪽.

백경희. 2020. 「포스트 코로나 시대의 원격의료에 관한 법제의 개정 방향에 관한 고찰」. ≪법제≫, 691(0), 153~184쪽.

부산광역시·Kwater·부산도시공사. 2018. 'Busan Smart EcodeltaCity Plan' 발표자료.

송재승·김재호·정광복·이강해·함식·이성협. 2019. 「편집후기(4차산업혁명과 스마트시티)」. ≪한국통신학회논문지≫, 44(10), 1979~1980쪽.

아렌트, 한나. 2005. 『인간의 조건』. 이진우·태정호 옮김. 한길사.

이광석. 2021. 『포스트디지털: 토픽과 지평』. 안그라픽스.

이관후·조희정. 2015. 「감시와 인권의 딜레마: 어린이집 CCTV 의무화 입법사례를 중심으로」. ≪시민사회와 NGO≫, 13(2), 83~118쪽.

임서환. 2017. 「사회·정치적 과제로서의 스마트시티」. ≪공간과 사회≫, 59, 5~14쪽.

조상규·김용국·양시웅. 2020. 「스마트시티 국가 시범도시의 규제 샌드박스 제도 운용 방향 연구」. ≪도시설계≫, 21(4), 35~46쪽.

한국수자원공사. 2018. 'Busan Smart EcoDeltalCity Plan'.

하비, 데이비드. 2001. 『희망의 공간』. 최병두 외 옮김. 한울엠플러스.

Attoh, K., K. Wells, & D. Cullen. 2019. ""We're building their data": Labor, alienation, and idiocy in the smart city." *Environment and Planning D: Society and Space*, 37(6), pp.1007~1024.

Aurigi, A. 2016. *Making the digital city: the early shaping of urban internet space*, London, New York: Routledge.

_____. 2020. "Designing smart places: Toward a holistic, recombinant approach." in *Shaping Smart for Better Cities: Rethinking and Shaping Relationships between Urban Space and Digital Technologies*, Amsterdam Elsevier Science Publishing, pp.11~31.

Barns, S. 2020. *Platform Urbanism: Negotiating Platform Ecosystems in Connected Cities* (1st ed. 2020. ed.). Singapore: Springer Singapore: Imprint: Palgrave Macmillan.

Batty, M. 1997. "The computable city." *International Planning Studies*, Vol.2, No.2, pp.155~173.

Belcher, David. 2022. "A New City, Built Upon Data, Takes Shape in South Korea." *The New York Times*, Mar 28.

Bennett, G. 2020. "The digital sublime: Algorithmic binds in a living foundry." *Angelaki: journal of theoretical humanities*, 25:3, pp.41~52. DOI:10.1080/0969725X.2020.1754019

Bijker, W. E. and J. Law. 1992. *Shaping technology/building society: studies in sociotechnical change*. Cambridge, Mass. : MIT Press.

Bulkeley, H., P. McGuirk, & R. Dowling. 2016. "Making a smart city for the smart grid? The urban material politics of actualising smart electricity networks." *Environment and Planning. A*, 48(9), pp.1709~1726.

Burns, R. and M. Andrucki. 2021. "Smart cities: Who cares?" *Environment and Planning A: Economy and Space*, 53(1), pp.12~30.

Campbell, L., M. Kanaani, and M. Stepner. 2020. "Performative Urban Environments and the Concept of the Future Smart Cities: Toward Establishing Measures for Performative Urban Environments: A Critical Position on Shaping the Future of Smart Cities." in M. Kanaani(ed.). *The Routledge companion to paradigms of performativity in design and architecture: using time to craft an enduring, resilient and relevant architecture*. New York: Routledge.

Carah, N. & D. Angus. 2018. "Algorithmic Brand Culture: Participatory Labour, Machine Learning and Branding on Social Media." *Media, Culture & Society*, 40(2), pp.178~194.

Cardullo, P. and R. Kitchin. 2019a. "Being a 'citizen' in the smart city: up and down the scaffold of smart citizen participation in Dublin, Ireland." *GeoJournal*, 84(1), pp.1~13.

_____. 2019b. "Smart urbanism and smart citizenship: The neoliberal logic of 'citizen-focused' smart cities in Europe." *Environment and Planning C: Politics and Space*, 37(5), pp.813~830.

Chan, Rosalie. 2021. "The Cambridge Analytica whistleblower explains how the firm used Facebook data to sway elections." *Business Insider*, January 29.

Corsin Jimenez, Alberto. 2014. "The Right to Infrastructure: A Prototype for Open Source Urbanism." *Environment and Planning. D, Society & Space*, vol.32, no.2, pp.342~362.

Cortese, A. 2007. "An Asian hub in the making." *New York Times*, 30 December.

Cowley, R. and F. Caprotti. 2019. "Smart city as anti-planning in the UK." *Environment and Planning D: Society and Space*, 37(3), pp.428~448.

Davenport, T. H. 2001. *The attention economy: understanding the new currency of business*. Boston, Mass.: Harvard Business School.

Dobson, A. S., N. Carah, and B. Robards. 2018. "Digital intimate publics and social media: Towards theorising public lives on private platforms." in A. S. Dobson, B. Robards & N. Carah(eds.). *Digital Intimate Publics and Social Media*. New York: Palgrave.

Eireiner, A. V. 2021. *Promises of Urbanism: New Songdo City and the Power of Infra-structure*. Space and Culture.

Farias, I. and T. Bender. 2010. "An interview with Stephen Graham." in I. Farias, & T. Bender(eds.). *Urban Assemblages: How Actor- Network Theory Changes Urban*

Studies. Abingdon: Routledge, pp.197~206.

Frischman, B., & E. Selinger. 2018. *Re-engineering Humanity*. Cambridge: Cambirdge University Press.

Gandy, M. 2005. "Cyborg Urbanization: Complexity and Monstrosity in the Contemporary City." *International Journal of Urban and Regional Research*, 29, pp.26~49.

Gelerntner, D. 1991. *Mirror Worlds*. Oxford: Oxford University Press.

Graham, S. and S. Marvin. 1996. *Splintering urbanism: networked infrastructures, technological mobilities and the urban condition*. New York: Routledge.

Greenfield, A. 2013. *Against the Smart City(The City Is Here for You to Use)*. New York: Do Projects. Amazon Kindle Edition.

Halpern O., J. LeCavalier, N. Calvillo, and W. Pietsch. 2013. "Test-bed urbanism." *Public Culture*, 25(2), pp.272~306.

IBM. 2009. "A vision of smarter cities: How cities can lead the way into a prosperous and sustainable future." https://www.ibm.com/downloads/cas/MYAZ6AD9

Iveson, K. and S. Maalsen. 2019. "Social control in the networked city: Datafied dividuals, disciplined individuals and powers of assembly." *Environment and Planning D: Society and Space*, 37(2), pp.331~349.

Jacobs, K. 2022. "Toronto wants to kill the smart city forever." *MIT Technology Review*, June 22. https://www.technologyreview.com/2022/06/29/1054005/toronto-kill-the-smart-city/

Kant, Immanuel. 1987. *The Critique of Judgment*. Indianapolis: Hackett Publishing Company.

Kim, C. 2010. "Place promotion and symbolic characterization of New Songdo City, South Korea." *Cities*, 27(1), pp.13~19.

Kitchin, R. 2014. "The real-time city? big data and smart urbanism." *GeoJournal*, 79(1), pp. 1~14. doi:http://dx.doi.org/10.1007/s10708-013-9516-8

_____. 2015. "Making sense of smart cities: addressing present shortcomings." *Cambridge Journal of Regions, Economy and Society*, 8(1), pp.131~136. https://doi.org/ 10.1093/cjres/rsu027

_____. 2017. "The realtimeness of smart cities." *Technoscienza*, 8(2), pp.19~42.

Koseki, S. A. 2020. *Operationalizing smartness: From social bridges to an urbanism of aspirations, affordances and capabilities, in Architecture and the Smart City*. Sergio M. Figueiredo, Sukanya Krishnamurthy and Torsten Schroeder(eds.). Routledge.

Kshetri, N., L. L. Alcantara, and Y. Park. 2014. "Development of a Smart City and its Adoption and Acceptance: the Case of New Songdo." *Communications & Strategies: Digiworld Economic Journal*, 96:4, pp.113~145.

Kulesa, T. 2009. "A Vision of Smarter Cities: How Cities Can Lead the Way into a Prosperous and Sustainable Future Moderator." in *Executive Report IBM Global Business Services*, IBM Institute for Business Value.

Langley, P. and A. Leyshon. 2017. "Platform capitalism: the intermediation and capitalization of digital economic circulation." *Finance and society*. 3(1). pp.11~31.

Latham, R. and S. Sassen. 2005. *Digital formations: IT and new architectures in the global realm*. Princeton, N.J.: Princeton University Press.

Latour, B. and E. Hermant. 1999. "Paris, ville invisible." *Les Annales de la recherche urbaine*, 85(1), pp.58~62.

Lefebvre, H. 1996. "Right to the City." E. Kofman, & E. Lebas(eds. & trans.). *Writings on Cities*. Oxford: Blackwell Publishing.

Leszczynski, A. 2016. "Speculative futures: Cities, data, and governance beyond smart urbanism." *Environment and Planning A: Economy and Space*, 48(9), pp.1691~1708.

_____. 2020. "Glitchy vignettes of platform urbanism." *Environment and Planning D: Society and Space*, 38(2), pp.189~208.

Lin, J. and M. Christopher. 2013. *The Urban Sociology Reader*. Routledge.

Massey, D. 2003. "Some Times of Space." in S. May(ed.). *Olafur Eliasson: The Weather Project. Exhibition catalogue*. London: Tate Publishing. pp.107~118. www. olafureliasson. net/publications/ . . . / Some_ times_ of_ space. pdf.

_____. 2005. *For Space*. London: Sage.

Mattern, S. 2013. *Methodolatry and the Art of Measure: The New Wave of Urban Science. Places*. https://placesjournal.org/article/methodolatry-and-the-art-of-measure/?cn-reloaded=1

Moreno Pires, S., L. Magee, and M. Holden. 2017. "Learning from community indicators movements: Towards a citizen-powered urban data revolution." *Environment and planning. C, Politics and space*, 35(7), pp.1304~1323.

Morozov, E. 2014. *To save Everything, Click Here: The Folly of Technological Solutionism*. Penquinbook LTD, UK.

Mosco, Vincent. 2004. *The Digital Sublime: Myth, Power, and Cyberspace*. Cambridge, Mass: The MIT Press.

O'Connell, P. L. 2005. "Korea's high-tech utopia, where everything is observed." *New York Times*. 5 October.

Palmyra, R., S.-M. Jamile, Y. Tan, S. Denilson, & C. Eduardo. 2021. "The Evolution of City-as-a-Platform: Smart Urban Development Governance with Collective Knowledge-Based Platform Urbanism." *Land(Basel)*, 10(1), 33. https://doi.org/10.3390/land10010033

Rose, G. and A. Willis. 2019. "Seeing the smart city on Twitter: Colour and the affective territories of becoming smart." *Environment and Planning D: Society and Space*, 37(3), pp.411~427.

Sadowski, J., Y. Strengers, & J. Kennedy. 2021. "More work for Big Mother: Revaluing care and control in smart homes." *Environment and Planning A: Economy and Space*, 0(0). https://doi.org/10.1177/0308518X211022366

Shelton, T., M. Zook, & A. Wiig. 2015. "The "actually existing smart city"." *Cambridge Journal of Regions, Economy and Society*, 8(1), pp.13~25.

Shin, H., Park, S. H., & Sonn, J. W. 2015. "The emergence of a multiscalar growth regime and scalar tension: the politics of urban development in Songdo New City, South Korea." *Environment and Planning C: Government and Policy*, 33(6), pp.1618~1638.

Shin, H. B. 2017. "Envisioned by the state: Entrepreneurial urbanism and the making of Songdo City, South Korea." in A. Datta, et al.(eds.). *Mega-urbanization in the global South : fast cities and new urban utopias of the postcolonial state*, London: Routledge.

Shwayri, S. T. 2013. "A Model Korean Ubiquitous Eco-City? The Politics of Making Songdo." *The Journal of urban technology*, 20(1), pp.39~55. https://doi.org/10.1080/10630732.2012.735409

Slack, D. and M. Wise. 2015. *Culture and technology: a primer*. New York: Peter Lang Publishing.

Smart City Hub. 2017. "Songdo, model of the smart and sustainable city of the future." https://smartcityhub.com/urban-planning-and-building/songdo-model-of-the-smart-and-sustainable-city-of-the-future

Songdo International Business District(SongdoIBD). 2018. "Masterplan." http://songdoibd.com/about/

Srnicek, N. 2017. *Platform capitalism*. Cambridge, MA: Polity.

Viitanen, J. and R. Kingston. 2014. "Smart Cities and Green Growth: Outsourcing Democratic and Environmental Resilience to the Global Technology Sector." *Environment and Planning A: Economy and Space*, 46(4), pp.803~819.

Williams, J. 2018. *Stand Out of Our Light: Freedom and Resistance in the Attention Economy*. Cambridge: Cambridge University Press.

Willis, K. S. 2015. *Netspaces: space and place in a networked world*. Farnham, Surrey, UK England; Burlington, VT, USA; Ashgate.

Willis, K. S. and A. Aurigi. 2018. *Digital and smart cities*. Routledge.

저자 소개

서울대학교 아시아도시사회센터

포스트영토주의와 탈성장주의의 관점에서 공유도시, 회복도시, 전환도시, 평화도시를 주제로 10여 년간 연구를 수행했다. 이를 바탕으로 한국과 동아시아 도시 맥락에서의 대안적 도시 패러다임으로서 커먼즈(Commons)적 도시전환 방안을 제시하기 위한 후속 연구를 지속하고 있다. 현장 중심의 연구를 통해 시의성 있는 이론화 및 정책제안 활동을 병행하여 지식 연대와 사회적 기여를 추구한다.

김묵한

서울연구원 경제경영연구실 선임연구위원으로 서울의 산업정책 및 경제개발에 대한 연구를 주로 수행하고 있다. 최근에는 급속한 기술의 발전에 따른 전통적인 지역 산업 정책의 혁신에 관심이 많다. 스마트시티의 경제 생태계와 클러스터에 대한 탐색적 연구인 이 장 또한 이런 관심의 결과물 중 하나다.

박배균

서울대 지리교육과 교수, 아시아연구소 도시사회센터 센터장. 동아시아 투기적 도시화, 커먼즈 기반 도시 전환 전략 등 연구을 연구하고 있다. "Locating Neoliberalism in East Asia", "Developmentalist Cities?", "국가와 지역", "산업경관의 탄생", "강남 만들기, 강남 따라하기", "한반도의 신지정학" 등의 저서가 있다.

박준

서울대학교 지구환경시스템공학부 학부와 대학원에서 공부한 뒤, 런던대(UCL) the Bartlett School of Planning에서 박사 학위를 받았다. 국토연구원 주택토지연구본부 책임연구원으로 재직했으며, 2016년부터는 서울시립대학교 국제도시과학대학원에서 연구와 강의를 해오고 있다. 토지개발, 개발이익, 부동산세제, 공공임대주택, 공간분석, 스마트도시 등이 주요 연구주제이다.

박 철 현

서울대학교 동양사학과를 졸업했으며, 같은 대학교 국제대학원에서 중국지역연구로 석사학위를 받았고, 2012년 중국인민대학(中國人民大學) 사회학과에서 박사학위를 받았다. 현재 국민대학교 중국인문사회연구소 HK연구교수로 재직 중이다. 관심분야는 중국 동북(東北)지역, 국유기업, 노동자, 역사적 사회주의, 만주국, 동아시아 근대국가, 기층 거버넌스, 도시 등이다.

심 한 별

서울대학교에서 건축, 경영을 수학하고 도시계획학 박사 학위를 받았다. 브리티시 컬럼비아 대학(UBC) 방문연구원을 거쳐 2016년부터 서울대학교 아시아연구소에서 도시사회센터 전임연구원으로 재직하며 연구와 강의를 겸하고 있다. 을지로 주변, 대치동에 대한 조사연구를 수행하였고 강남과 한국 도시화에 대한 연구를 진행하고 있다. 대도시의 도심부, 디지털화에 따른 산업공간의 변화, 스마트 도시 등이 주요한 연구주제이다.

유 승 호

한양대학교 건축학부, 한양대학교 건축대학원에서 건축을 공부한 뒤, 런던정경대(LSE)와 런던대 (UCL)에서 도시를 공부했다. 2020년 지역도시건축사사무소 리플래폼을 설립하고, 데이터를 활용한 건축-도시-지역계획을 탐구하고 있다.

이 정 민

청주시청 도시계획 상임기획단에 재직 중이다. 스마트 시티에 기반한 도시기본계획과 '청주형 15분 도시'를 위한 일상생활권 계획 등을 수립하고, 스마트 기술 연계 사업들을 발굴하는 등 정책의 최전선에 있다.

임 서 환

서울대학교 건축학과를 졸업하고, 같은 대학교 환경대학원에서 도시계획학 석사학위를, 런던대학(University College London)에서 도시개발을 주제로 석사 및 박사 학위를 받았다. LH에서 주로 도시 및 주택정책 분야 연구원으로 근무하였다.

허 정 화

지리학을 전공하고 LG CNS 재직 당시 송도국제도시 스마트도시개발 프로젝트에 참여하였다. 이후 세종국가시범도시 및 솔라시도 등 다수의 스마트시티 프로젝트의 계획 수립과 자문활동을 수행하였다. 송도국제도시개발의 거버넌스 구조에 대한 논문으로 박사학위를 받고 서울대학교 및 국토부 인재개발원 등에서 다수의 스마트시티 관련 강의를 진행하였다.

홍 성 호

충북연구원 선임연구위원으로 재직하며 지역발전연구센터장을 겸직하고 있다. 국가의 균형발전 철학에 입각한 국토 및 지역계획, 스마트 도시 분야를 주되게 연구하고 있다. 그 외, 한국교원대학교 교육정책전문대학원 겸임교수로 스마트 도시론, 마을교육공동체론을 강의하고 있다.

한울아카데미 2361

기술주의 너머의 스마트 도시

ⓒ 심한별 외, 2024

기획 | 서울대학교 아시아도시사회센터
엮은이 | 심한별
지은이 | 임서환·박준·유승호·허정화·홍성호·이정민·김묵한·박철현·박배균·심한별

펴낸이 | 김종수
펴낸곳 | 한울엠플러스(주)
편집책임 | 조수임

초판 1쇄 인쇄 | 2024년 2월 5일
초판 2쇄 발행 | 2025년 2월 20일

주소 | 10881 경기도 파주시 광인사길 153 한울시소빌딩 3층
전화 | 031-955-0655
팩스 | 031-955-0656
홈페이지 | www.hanulmplus.kr
등록번호 | 제406-2015-000143호

Printed in Korea.
ISBN: 978-89-460-8366-0 93530(무선)

* 책값은 겉표지에 표시되어 있습니다.